剪是为了留住美!

跟韩国老师学剪发

——最感性的剪发教学指导

（韩）权伍赫　著

姜慧蓉　译

辽宁科学技术出版社

沈　阳

艺术总监　权伍赫

2012 年

现）Academy Max 代表
现）江南大学 未来人才部 教授
现）韩国保健产业振兴院 顾问
现）汉阳大学 庆尚大学 特邀讲师
现）韩国美容学会 理事
现）韩国美容保健学会 会员
现）HCC 韩国代表 讲师
韩国美容学会国际学术大会 优秀论文奖
KBS1 Love in Asia 发型管理

现）国际大学生选美比赛 顾问
现）Hair by Hyeok 代表
现）T.V hair 讲师
现）Be TV 讲师
现）韩国美容设计学会 常任理事
现）大韩美容学会 公关主席
Focus 报纸采访及潮流报道
德国施华蔻发型发表会 发表流行趋势
KBS2 出演直播秀 生生情报通

2011 年

施华蔻 韩国总监
参加日本潮流发布会
长安大学 皮肤美容系 教授
韩国美容学会优秀论文奖

保健保障委员会 表彰证书
托尼盖 特别课程 结业
大韩民国 国会 公益服务 最优奖

2010 年

月刊 Queen 杯 优秀企业奖
HCC 主办 发型发布会

电视艺人 Matthew Sleight 发型主管
受访 美容师第一月刊 CEO

2009 年

圆光大学 美容学 博士
首尔体育杯 美发部门 最佳企业品牌奖

笑星徐庆硕 发型主管

2008 年

（L．G）Obsidian 发型趋势发布会 制作总监
受邀北京亚洲美容协会学术研讨会及发型秀
受访 KBS 经济焦点节目

资生堂发型发布会
日本资生堂 Trend 结业
宝美奇 Work Shop

2007 年

日本山野美发学院 结业
国会议员 元熙龙 发型主管
Be tv 讲师

日本托尼盖 Trend 结业
配音演员 安志焕 发型主管
笑星李秀根 发型主管

2006 年

北京 FATV 开播发型秀
全球体育 新闻 连载作者

参加日本 Mod's Hair Trend
话剧演员 尹英硕 发型主管

2005 年

日本 Zone&Cut Cut 结业
摇滚歌星金景虎，SBS 主持人发型主管
汉城大学 艺术研究院 主任教授
Mugens Trend 制作发布会

出演 SBS 直播今天
日本 Mod's Hair Trend Full Course 结业
连载 Hair Graphy

2004 年

安山大学 美容艺术系 兼任教授
万豪酒店 韩中法 发型发布会

出演 MBC 直播 话题集中

2003 年

京福大学，信兴大学 兼任外聘教授
沙宣 Work show Cut 结业
连载 Beauty Club

受邀中国美发协会 学术研讨会及发布会
汉城大学 艺术学院 学术节 发型秀
T.V hair Road Focus 记者

2002 年

奥运会举重场 韩中法 发型发布会
英国伦敦沙宣 T.T.C 结业
（株）Recomm 女性事业部 总部长
连载《美容汇报》

日本 Mozu 美容学校 Stroke Cut 结业
汤古润名老师 Stroke Cut 结业
中国大连 T.V Trend&Hair 发型秀

2001 年

Hair World 教育主管
东冈大学 皮肤美容系 兼任教授
T．V Hair 讲师

Hair World 主办 韩日发型发布会
光州电视台 直播秀"出发新晨"固定嘉宾

2000 年

韩日 颜色协会 研讨会
Beauty Today 创刊 发型秀

连载 Beauty Today
韩国 发型色彩协会 首席讲师

1999 年

美容产业教育院 教育部 部长
中国大连主办 Blow Me 开业发型秀

连载 Beauty Life

剪发教程

权伍赫

在写第二部关于美发的书时，我不断思考美发师最需要什么？答案是如何把我自己的诀窍以最快、最正确的方式传教给学员，这也正是写这本书的原因。

通过多年的经验发现，教学中的最大难题是讲师与学员该如何正确地沟通。

比如剪短发，讲师与学员，顾客与美发师，他们各自对短发长度的概念肯定是有明显差异的。

能解决这类问题的方法就是充分利用阿拉伯数字。

每个人都是听着数字、读着数字、说着数字长大的；另外，在我们的生活里还有表现数字的工具——尺。它最大的魅力是以最快、最简单的方式传达信息，而且这种方法是全世界通用的。

每个美发师多少都会陷入一次低迷期，笔者也经历过无数次。不过，每当这个时候，我都会对自己说："忠实于基本。"这里所谓的"基本"，当然就是指剪发过程。

从现在开始，我们一起来忠实于这个"基本"，怎么样？

"百闻不如一见"不如"百见不如一感"。

感谢水！

感谢天空！

感谢空气！

感谢云！

感谢树！

感谢大地！

感谢生命！

感谢自己今天也是美发师！

美发师们，愿这本书会成为大家美发事业发展的基石！

理论

第一章 美发概论

第二章 修剪过程

实操

附 录 剪发专业术语解释

理论

第一章

美发概论

理论

1 美发历史

美发属于大众文化艺术领域，其中以造型艺术为主的发型设计因其着力表现人类的美，故而在美发艺术中占据着重要地位。

提升自己外在形象的要务就是找到适合自己的发型。但是在现代，人们不仅仅满足于一个发型，而是通过尝试各式各样的发型来改变自己的形象。

随着现今社会不断走向复杂化、多样化，可以自己进行创意和操作的发型开始受到瞩目。

1. 韩国美发发展史

在古代，儒家思想盛行，只有宫女与妓女浓妆艳抹，其他女人平日以素面为主，只有在出嫁时才扑粉，用香油敷面，并点上朱砂胭脂。

发型多以束发或盘发为主，比如高卷式盘发、圆发髻、飞檐头、辫绳头、盘发辫等。因为盘发较多，所以常见的装饰品为发簪，而且根据材质不同，其种类也很繁多。

在 1800 年，男子的发型在结婚前为编发，结婚后则在头顶部梳发髻。但是随着开化浪潮席卷而来，在 1895 年 11 月 17 日，政府针对所有百姓下达了短发令。

为了率先垂范，高宗带着太子剪短头发，并命令内部大臣俞吉俊等官僚大臣尽快剪发，此时皇室的理发师为安钟虎。当时为太子剪发的安钟虎，早在 18 岁中科举，委任全罗道完州郡守，并教授王族子弟，以正三品老师的身份辅佐国政。

安钟虎为了打倒封建政策，不仅经常巡回演出，组织防疫会，并在汉城钟路开设朝鲜第一家美发店。

1910 年之后，外国文化不断流入，大量留学回国的新女性发展、传播美发，所以韩国真正的美发历史可以说是从此时开始的。

在 20 世纪 20 年代，金活兰的短发与李淑钟的高发非常流行。而且在 1993 年，吴叶舟在和信百货店开立了和信美妆院。

从 20 世纪 40 年代开始，烫发不仅成为潮流，而且变得越来越多样化，越来越活跃，并且展示年轻活力的短发逐渐成为主流。到 50 年代，国外电影、新闻信息的迅速传播为韩国女性在化妆、服饰与发型方面带来了巨大变化。当时最时髦的装扮为奥黛丽·赫本的短发与她的晚宴装。

到了 20 世纪 60 年代，美发界开始流行强调量感的发型，最具代表性的造型为带有低层次的鲍勃短发。

随后的 70 年代，受到西方运用几何学概念来剪发的沙宣的影响，美发师们像裁剪衣服一样，开始强调发型的线条美。

80 年代以后，随着彩色电视的普及，在韩国吹入了新的美发浪潮，也就是染发时代的开始。

90 年代，随着 1988 年汉城奥运会的成功举办，各个产业开始发展，特别是美发产业不断扩大其店面数量，从而带来了质的飞跃，而且各大高校开始开设美发专业，甚至出现了专门的美发学校。

现在，美发产业不仅受到瞩目，而且呈现出迅速发展的趋势。据韩国保健福祉部统计，到 2011 年，韩国有美发沙龙 81781 家，美容院 24308 家，其中 40% 集中在首都圈内，并且美发美容行业从业者达到 213500 名。

🔅 韩国美容美发教育的历史

从 1952 年第一所美容专门教育机构贞华学院的设立开始，韩国美容美发教育至今已有 60 多年的历史。现有美容美发专业职高 78 所，美容美发高等技术学校 5 所，专业大学 120 所，综合大学 27 所，大学院硕士课程 28 处，硕博连读课程 9 处，私立美容美发学院 433 所（韩国保健产业振兴院，2010 年）。

上述教育机构中，大学开设的美发专业教育课程有：基础烫发理论及实践、美发概论、剪发理论及实践、吹风与造型、染色与脱色、发型创作、应用烫发理论及实践、发型设计、毛发护理学、发型定型、发型设计摄影等。

古典发型用语

序号	名称	解释
1	盘发	从高句丽古坟壁画到朝鲜末代照片资料常见的民间女性发型形象；把头后部位头发分成两股，一直辫到头顶并在额头固定的发型
2	围发	从盘发派生出的用语，但与盘发不同，是把头发卷成一股围起来的发型
3	髻发	历史最为悠久的发型，并为其他发型的基础。加髻禁止令在禁止加髻的同时，鼓励髻发，并成为后期民间的代表发型
4	系发	未婚女子的发型。在三股编发的发尾系上红色丝带的发型
5	发辫	同系发，但从两耳后开始编发
6	丝阳髻	未婚女子的发型。用两股头发编发，在脑后叠成三四层并用发簪固定后系上一条红色丝带。形似宫女发型
7	双髻	少女的发型。在额头两侧各梳一个髻。历史悠久，多见于出土的唐朝古坟中
8	娘子双髻	未婚女子的发型，是在两耳后侧梳髻的发型
9	贴髻	把表示身份的贴髻固定在梳得比一般髻发较大的髻上，属于上流阶层的发型
10	加髻	把假髻架高显得头发饱满，属于上流阶层的发型，但到了英祖、正祖时期，民间也开始梳此类发型
11	官妓发	官妓的典型发型。把假髻梳得像线团般粗后围在头部上方的发型
12	大首髻	宫廷大礼时当事者女子戴的冠。原为中国授予的珠翠七翟冠，但壬辰倭乱后，其形式已发生改变
13	巨头美	大礼时同大首髻一并成为首饰的冠。到了后期成为女官的冠，但到了正祖三年，不再用真发编织，而改用木材制作。宫廷仪礼时使用真发
14	於由美	於由发髻被用在仪礼时的名称。女官配平常服时的发型，把其戴在额头上的簇头里上
15	下髻	在加髻申禁事项中以韩文标注的特殊名称，用自己的头发编梳的发型
16	编发	在加髻申禁事项中以韩文标注的特殊名称，即加髻的别称。但这时加髻已经大量减少

2. 世界美发发展史

世界美容史的起源可追溯到汉姆拉比王在位之前（公元前 1792—1750），因为汉姆拉比法典中有记载关于理容师的典故。

在法典中记载，当时的理容师多为医师的助手，进行外科手术甚至亲自操刀进行牙齿治疗。到了中世纪，则兼任治疗及抽血等一般的外科任务，并被称为理发医师。

明确、专业地区分美容事物与医疗事物是从路易十四（1643—1715）时期开始的。

现在，美发店门前的红蓝白标志灯的各个颜色就是象征动脉、静脉与绷带。

塑型剪形态

- ✂ 1959 年完成的这款发型奠定了它的技术原则。
- ✂ 被称为第一剪发，是毛发走向非常自然的发型。
- ✂ 毛发从颈部到脸颊的自然走向强调了脸部轮廓。

经典鲍勃头

- ✂ 1963 年的这款剪发在发量均衡上做出了变化，最大限度地表现出了优雅的气质。
- ✂ 当时为电影演员关南施的美发师的维达·沙宣以这款发型受到全世界的瞩目。

世界美发教育历史

西方美发教育界的代表人物为维达·沙宣。他出生于 1928 年伦敦谢菲尔德，在 11 岁时离开孤儿院，在阿道夫葛恩教授门下学习美发。

1959 年，沙宣技术的精华——塑型剪问世，并开启了美发史的新篇章。

1962 年，他在格罗斯莫宝日开设了第一家美发沙龙，1963 年发明了令他声名大噪的鲍勃头，1969 年在英国创立了沙宣美发学校。1971 年开设了专门为男性服务的美发沙龙。

继沙宣的表现头发厚重感的几何剪发之后，20 世纪 70 年代，托尼·盖推出了强调发质轻盈感的不连接剪发，并在 80 年代正式投身到美发教育事业中。如今，不仅在英国，在澳大利亚、日本、新加坡、中国以及韩国等国家，均在运营着美发学院。

1962 年，在美国芝加哥，标榜设立了美发教育机构，并利用包豪斯理论开创了接轨科学的独特教育体系，不仅为现今全世界美发教育提供了标准，而且被认为是美发教育界的先驱。

标榜美发教育认为，美发师是通过设计理念、思考过程、美容用语来发现艺术世界的职业。作为传授美发师设计理念的教育机构，标榜设有 4 所美发学研究所与学员学校分店，并在全世界拥有 70 所国际连锁学院，它的价值远远超过单纯的美发学校。而且在欧洲，标榜学校被认为是美发教育体系的标准。

日本美发教育的开端为 1934 年山野女士创办的美容教室，1948 年成立国际山野美发职业中学。1949 年成为指定美发师培养机构。1991 年开设山野美发艺术短期课程大学与美发艺术系，1996 年新设美发保健系。

另一所不可不提的日本美发机构为好莱坞美发学校，1925 年由美·牛山创立，专修课程有美容、美甲、彩妆等。20 年前开始发展为针对高中以上学历者进行教育的专门学院。

在日本，大多为了取得美容师资格证的学员正在好莱坞美容学院学习美发、彩妆、美甲，甚至美学等所有关于美容的知识。随即在日本，为了取得资格证而学习的留学生认为它是最好不过的选择。

另外，前海军首席药师福原有信在 1872 年设立资生堂制药公司后，旗下化妆品制作公司设立了美发专门学院，现为日本美发教育的新典范。

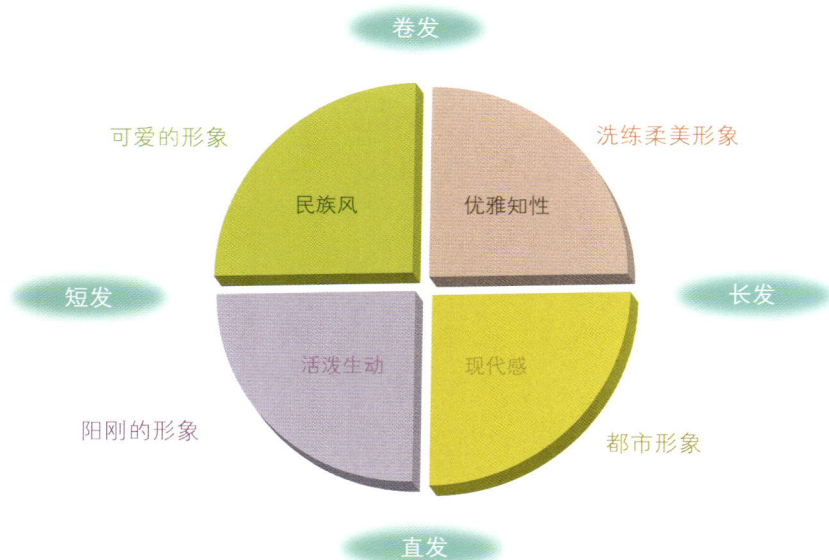

卷发

可爱的形象

民族风　优雅知性

洗练柔美形象

短发

活泼生动　现代感

长发

阳刚的形象

都市形象

直发

图像区域

❷ 什么是设计？

设计是把一种计划、规划、设想通过视觉的形式传达出来的活动过程。设计便是对造物活动进行预先的计划，可以把任何造物活动的计划技术和计划过程理解为设计，可分为语义学意义与语用学意义。

语义学意义上讲，设计用在名词时，在法语与意大利语中意为"相同""指示""计划""打草稿"等；语用学意义上讲，设计意为计划、筹划。

1. 服装设计

服装设计美的主要表现形式为设计元素间的融合：线条、轮廓、空间、材质、色彩等，并且融合元素要遵守统一、重复、节奏、对比、比例、均衡、协调等原理。通过恰当地利用某些元素，设计师可以增强观者的感官刺激，甚至激起潜在的反应。所以善于利用这些元素与反应是做好设计的必须条件。

不管服装是以多么单纯的形态存在，它的意义都很重大。换句话说，服装设计可以超越材质，充分表现其创造性。

也就是说，服装，包括人体，已经超越物质，成为艺术形态的一种。人体与纺织物只不过是其表现素材，所以我们看到、感觉到的不是肉体，而是以光与色彩所表达出来的统一体，即服装，它不同于自然肉体，而是一种造型创造物。

造型艺术的思考是广泛的，既是思维从抽象到具体的过程，又是个性想象力的活动。

因为设计是设计师把思考具体化的产物，所以其想象力要与可行性相结合，在合理思考与创新思考中掌握好平衡，这亦是设计师要具备的技术。艺术想象与作品的客观性有着必然的关系。

服装是以人体及其运动、二维平面纺织物等为工具，来有规律地表现人类的无限想象与感情的立体造型工作。特殊形状图案的独特服装（线、型、空间、材质、色彩）不仅可以表达那个时代的思维方式与审美价值观，而且可以使欣赏者接受服装所传达的审美表达方式。

这与通过外在形态来表达内心思想的艺术家的审美表达方式是一脉相通的。

服饰具有表达人类内心的特点，也是表达手法的中心。所以，服装设计属于视觉造型艺术范畴。

服装审美要通过视觉机能来实现，并且服装造型特点具有视觉抽象性。

在服装设计上，线条不仅可以勾勒主题，同时可以暗示某些特点，并且线条自然律动可以产生视觉上的错觉。

也就是说，通过服装设计，我们会在不知不觉中被线条与色彩的微妙变化所同化，而且会提高对其他艺术形式元素的认识。

上面提到的线、型、空间、材质、色彩等五大设计元素均为视觉设计的基础，并且这些设计元素有着创作者传达视觉图像给知觉者的实质意义。设计是按逻辑组合某些元素来表现统一的样式，所以，理解每个元素的性质对设计的效果是非常重要的。

最近，随着人们对发型与彩妆的关注度的提升，同时因为比服装多样、易变，所以，现代的发型往往通过多样性的表现手法来轻松打造出每个人的个性美。

并且，发型在潮流中占据很大一部分，通过不同表现方式可以带来各种变化与变型。

2. 发型设计

（1）发型设计的定义

如果用计划与造型两个元素来定义设计，那么，发型设计也可以用这两个元素来定义。通过计划与造型，可以精确规定发型的美学标准以及预测并体现潮流趋势。

发型设计是用毛发这个素材，根据不同特质的顾客的身材体型、脸形及脸部构成要素（眼、鼻、嘴）来最理想地表现计划造型的过程。

也就是说，发型设计要把握顾客的希望（倾向性和要求），找到其个性（外貌和气质）后进行分析，按照计划创造出最美的发型、色彩与质感。

（2）发型设计的元素

与设计的元素相同，发型设计的元素也有形态、色彩、质感等，而且形态包括具体形态与抽象形态两种。

① 形态

具体形态包括具体事物的意义，即自然界的事物，比如花、植物、树的形态等适用于客观实物的形态。单纯的剪发就是突出表现发质、发量、头部条件的本质形态。

抽象形态可分为几何形态与非几何形态，几何形态的发型是强调剪发的基本形态线条；非几何形态是忽略剪发的基本形态，通过毛发的尾部处理，打造轻盈质感。

发型中的非几何要素就像绘画中的静物素描，也等同于发型的剪发设计。

变化形态可比作静物画、油画；图画上色就是剪发与染发的融合。创造形态可比喻为抽象画，在发型设计里就是忽略整体线条感的高层次剪法。

在发型设计的构思阶段，首先根据掌握的立体形态，即模特的头型条件，发质、毛发类型、发量等特性后，摸索出把平面的脸部显得最具立体感的方案。为了达到效果，当然不可不考虑根据移动所变化的线条角度。

因为抽象形态与数学法则相同，都具有明显的秩序，所以为了打造几何形态的发型，要突出表现变化形态与创造形态。

并且同其他造型设计、剪发设计一样，基本元素点、线、面的作用影响着整体形态。

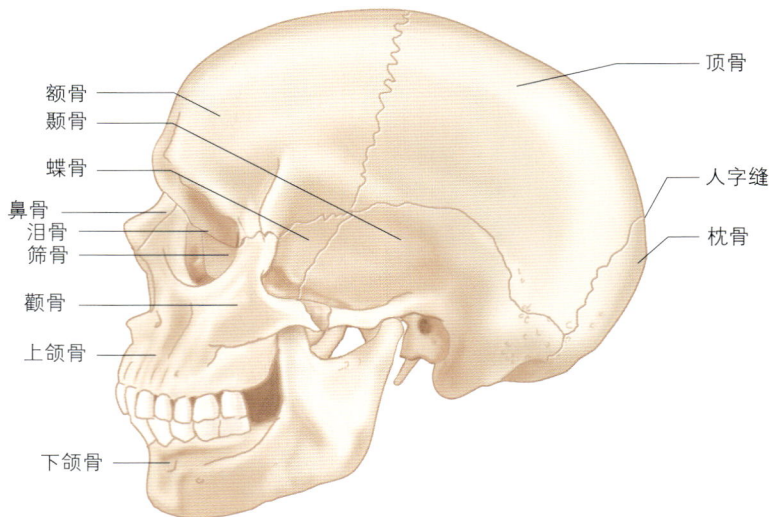

头骨标注：额骨、颞骨、蝶骨、鼻骨、泪骨、筛骨、颧骨、上颌骨、下颌骨、顶骨、人字缝、枕骨

●点

水平线上的点	⋯⋯⋯⋯
对角线上的点	⋯⋯
大小不一的点	⋯⋯⋯

几何学里的点虽然没有大小，只有坐标，但随着周围对应点的变化而移动的点有着空间内造型活动中启动、交叉、停止等表情。

我认为，几何学的点是"在我们的想象世界中连接沉默与语言的最高、最特殊的桥梁"。

在发型设计中，点即发型的亮点。也可说是利用把视线集中到整体形态的大小与长短的尾部的视觉效果原理。

水平线上的两点可制造出安全感，对角线上的两点可制造出律动感。

在大小不同的两个点中，较大点为此发型的亮点；较大点与较小点的强弱随着位置的变化会影响发型的整体形态。

●线

根据线是点的集合体的几何公理，线是没有粗细之分的。在发型设计中，发型的断面可理解为点，其点的延长线可理解为发型的长度。

运动方向一致的线称为直线；相反，运动方向变化的线称为曲线，并且根据线的运动方向，可分为垂直线、水平线、斜线。立体感是由平面内表面线的轮廓所体现的。

按照形态，线可分为直线、曲线、斜线，并且要考虑用哪条线为主线来支配整体造型。

因为线的构成的功能是表现一个整体，所以发型的线会影响整体发型，如果根据头型与脸形来恰当地运用线条，会打造出美丽的发型；如果忽视，效果则不堪设想。

为了打造出具有整体感的发型，不仅要考虑头型流向的每条线，而且要考虑人体运动时的发型线条的走向。

只有掌握每条线的特点，再付诸到剪发设计技巧实操后，才可以生动地体现剪发设计的多样化。通常，直线给人的感觉是冷酷、强势、严肃，甚至给人带来紧张、粗糙、单调的感觉。

直线可分为垂直线与水平线。

垂直线是向上或向下的直线，给人以强调高度的整洁感、垂顺感以及高尚、骄傲、崇高、庄重、严肃、权威等感觉。水平线的特点为带有平和、肃静、安定等感觉。

●面

一维	二维	立体

在发型设计中，面是线与线交叉，是形态的根本元素。面代表面积，如果要根据厚薄来表现其立体感，就要协调地布局平面的面与立体的面的形态。

直线	曲线	垂直线	水平线	斜线
—	⌒	|	—	╱

②色彩

色彩为发型设计构成的重要表现手法，就像人们通过多种不同颜色来表达自己的内心世界一样，利用色彩的表达法随着形态的一致与变化发展至今。人们最先看到的是颜色而不是发型，而且东方人与西方人毛发的最大差异就是颜色而非发质。

因为多数东方人的发色为黑色，所以在表达女性特征时，多为强调发型或长短；相反，西方人则倾向于表现不同发色。同时，颜色同样作用于其所处的环境。特别是在以剪发为中心的发型设计中，颜色对发型与质感的影响是非常大的。

当人们看到染色的头发时，他们会认为颜色稳固在发型里。所以，色彩是不可不重视的重要元素之一。

③质感

身为发型设计元素之一的质感，它的重点在于感官视觉，即通过视觉营造触觉。

单独处理设计元素——质感，有利于分析其如何影响整体设计，并且打造的质感特性不同，所使用的工具与使用方法也不相同。

质感的特性是指质感的样式会跟着美发工具的形状、大小、位置而变化；质感的活动速度会加深质感样式，会使慢或弱的质感看起来生动、强壮。

所以，相比其他设计元素，质感是构成美学秩序的重要元素。在选择打造某种质感时，一定要考虑

毛发的种类，根据发质的直与卷而变换造型。

（3）发型设计的四项原则

世界上所有美丽的造型物都是遵守和谐、统一、均衡、律动四项原则而创造并通过其表现出美。在此，为了设计更完美的发型，我们要不断研究各种感性的设计方式，通过反复训练，熟练掌握技巧，不断认真研究，力求设计、打造更多更美的发型。

打动人们的美丽发型都是按照和谐、统一、均衡、律动的原则来完成的。

①和谐

和谐是指两个或两个以上元素或部分的相互关系的内部的价值判断，多个元素或部分既不分离也不互相排斥，从而形成统一的整体，主要体现为发挥其愉悦感官的效果，部分与部分、部分与整体间的稳定的关联性，形成空间表达的和谐形象。

另外，和谐可分为类似和谐与对比和谐。类似和谐指两个以上的元素相似或相同，这取决于它们共同的特性。

②统一

剪发设计的统一包括主题的统一，线条方向的统一，色彩、明暗、鲜明度等的统一，等等。强调统一原则，发型会显得端庄，但是会降低吸引他人视线的效果。

出处：Obsidian 2008 年发型趋势

改变统一的原则会给发型带来变化，即可以突出发型设计中的亮点（也称为"打高光"），因为它可以打破统一带给人的单调感，从而打造出比真实年龄年轻且充满活力的发型。

统一指的是整体的结合，或者是相互间的规律。如果过多的关注于统一，会导致色彩单调，所以应有适当的搭配。

③ 均衡

均衡是指为了维持上、下、左、右的平衡感而有机地组合形态与颜色，从而打造具有安定感的效果。

均衡是使人感到秩序、安定、统一的元素，分为对称与非对称两大原理，对称原理指水平轴或垂直轴的左右对称，是在视觉上产生舒适感的重要元素。

在剪发设计中，最鲜明的对称原理的实例是利用从额头中心到下巴中心垂直等分的线平分脸部。

相反，非对称原理指通过线条或颜色等着重表现左右中的一侧，从而影响整体造型的效果。

④ 律动

律动是指物体连续运动时的形态流向。

剪发设计中的律动是指头发有规则地运动时的状态，表现为头发在飘动时的那种连续的节奏感。

不管任何发型设计，注入律动感会带来美感倍增的效果。

出处：Beauty Club

律动是设计中各元素间的关系在视觉上所产生的一种运动的形式，并且指相同元素连续重复的抑扬的节奏，即运动在视觉中的有规律的体现。

在发型设计中，没有律动的发型或律动混乱的发型被视为失败的设计。剪发律动就是通过这种节奏来表达设计的感情。

我们常利用律动上的低层次修剪法来修剪男性的发型，例如，处理侧面线条与颈部线条时，律动是打造自然曲线感的有效手法。

也就是说，通过颈与脸连接部分的明暗处理，来有效地表现头发的自然走向与头部轮廓。

（4）适合不同脸形的发型

脸部的形态与容貌有着密切的关联。虽然鹅蛋形脸适合所有发型，但即使不是鹅蛋形脸，也不用担心找不到适合自己的发型。

最重要的是找到最适合自己的发型，即最适合自己脸形与容貌的发型。

最适合的发型指发型对容貌要扬长避短，第一要务是要掌握自己的脸形。

若额头与脸颊部分宽，下颌较窄，则这种脸形为心形脸；若额头与下颌部位都宽，则为正方脸；脸部中央部位较宽，则为钻石形脸；上颜部窄，下颜部宽为三角形脸；圆润而胖乎乎的脸形为圆形脸；额头部位宽，下颌发达的脸形为长方形脸。

根据1992年韩国人脸部标准测量统计，韩国人标准平均体型的女性脸部长度为18.6cm，男性19.6cm；女性两耳垂间宽为14.0cm，男性为14.7cm。并且韩国成人女性脸部的长与宽的平均比例为1∶1.35；韩国美人脸形则较长一些，比例为1∶1.44。

	脸部宽度	脸部长度
大小	12.9cm	18.6cm
比例	1	1.44

①鹅蛋形脸

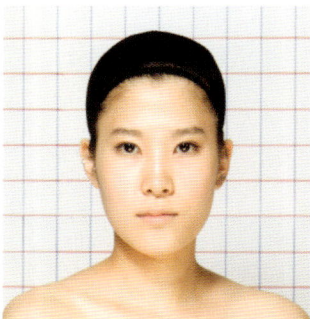

头部周长	52.8cm
脸部长度	18.7cm
上颜部长度	6.1cm
中颜部长度	6.0cm
下颜部长度	6.6cm
脸部宽度	12.9cm

适合所有发型的鹅蛋形脸为标准脸形。

但是因为没有个性，所以需要特殊大胆的发型来突出个性。

鹅蛋形脸从发际线到眉毛，从眉毛到鼻尖，从鼻尖到下巴的比例为1∶1∶1，它虽然可以剪中分发型，但最适合三七分的发型。

② 圆形脸

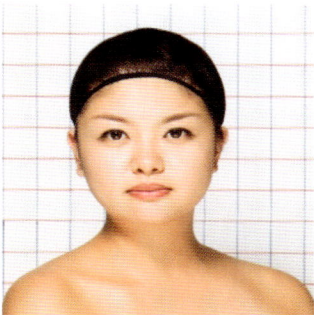

头部周长	53.0cm
脸部长度	18.4cm
上颜部长度	5.7cm
中颜部长度	5.7cm
下颜部长度	7.0cm
脸部宽度	13.8cm

因为大部分亚洲人为圆形脸，所以，让脸形显得修长且棱角分明是非常重要的。

头顶部饱满，两侧头发在下颌处弯曲的发型可使圆形脸显得修长。

厚重的刘海使脸形显得更短，所以要避免刘海挡住额头；圆形脸最适合斜刘海。

③ 尖形脸（钻石形脸）

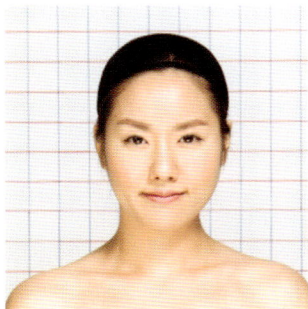

头部周长	52.9cm
脸部长度	19.7cm
上颜部长度	6.8cm
中颜部长度	5.7cm
下颜部长度	7.2cm
脸部宽度	13.4cm

头顶部饱满，两侧头发自然内扣，脑后头发较长的发型适合额头与下颌较宽的脸形。

而且尖脸形的人最适合斜梳的、干净利落地包住脸部的刘海。

把侧面头发向前或向后稍微卷曲的发型也可柔和脸部轮廓。

但是要注意，避免头顶部头发过于平淡。

尖形脸虽然性感又美丽，但是给人的印象难免有些强硬，并且脸显得较大。直发更会使此类脸形给人以强硬的印象，所以，应用柔和的卷发来制造出温柔的印象。

④ 长形脸

头部周长	52.8cm
脸部长度	18.7cm
上颜部长度	6.1cm
中颜部长度	6.0cm
下颜部长度	6.6cm
脸部宽度	12.9cm

长发或头顶部过于蓬松的卷发，以及长且宽的刘海会使脸形显得更长。

如果是长发，则应稍微打造柔和的波浪卷，并且给人以感官上的好感。如果长形脸两侧的头发烫过多的卷儿，则会显得脸较大。

长脸形给人知性、都市的感觉，但如不注意发型，则会显得较老。相比中长发，齐耳短发或长卷发更加适合长形脸。

⑤ 倒三角形脸

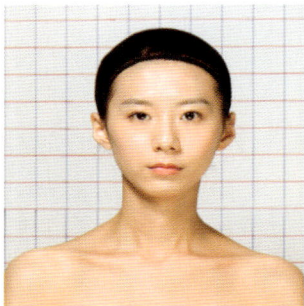

头部周长	52.5cm
脸部长度	19.2cm
上颜部长度	6.0cm
中颜部长度	5.6cm
下颜部长度	7.6cm
脸部宽度	12.2cm

额头较宽，下巴纤瘦的倒三角形脸就是现在最流行的 V 形脸，也是最具女人味的脸形。但是这种脸形给人以冷酷的印象，并且看起来会显消瘦。

为了盖住较窄的下巴，最好把两侧的头发打造出蓬松饱满的感觉。

这种脸形适合从颧骨部分开始稍微打出层次的发型，或者侧分的刘海外加饱满的两侧头发，而且要避免前额的头发完全盖住额头。

（5）适合不同体型与脸形的不同发型

① 额头宽、颈部短的丰满体型

前额处头发稍微烫些卷儿或吹出蓬松感后梳到一边，把颧骨附近的头发稍稍内扣的发型会使额头显得较窄。

不管长发、短发、直发还是层次分明的头发，都要切记，不可把顶部的头发做得过于蓬松。

② 额头窄、颈部细长的体型

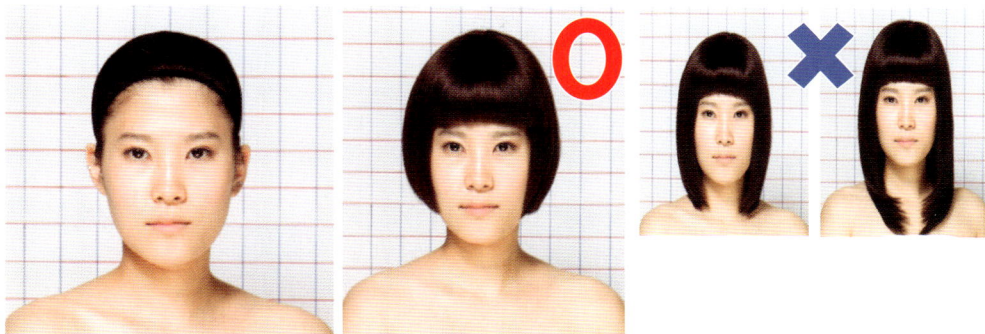

要把颧骨处头发做得饱满。若把前额的头发剪得短，额头会显得长一些；另一种方法就是把前额头发梳到脑后，额头自然会显得宽一些。

长发、短发都适合此类体型，但切记要避免中分发型。

③ 颈部纤长的体型

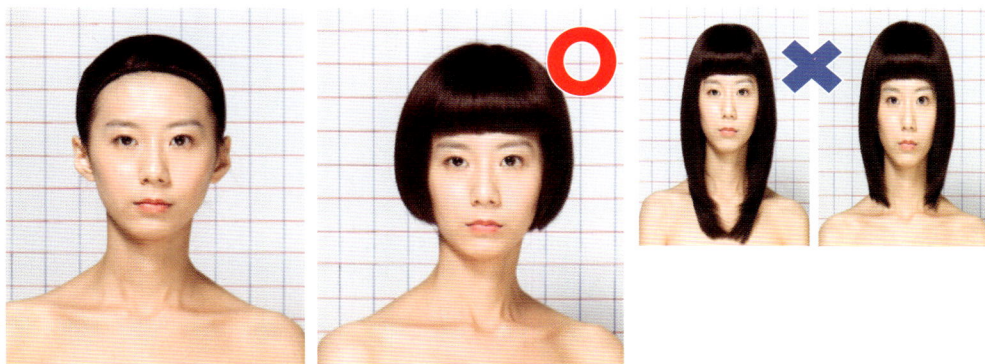

要尽量遮住消瘦的脸与较长的颈部。为了使脸部显得饱满，打造头顶部头发时，让其尽量蓬松柔和，并且使两侧的头发线条要向上、向外。

若在脸颊前方稍微刷一下，会使脸颊显得丰满，从而使额头也显得饱满。

同时，将颈部周围的头发打造得丰满一些，从而盖住其缺点。

④ 不对称脸形

应用最适当的发型来遮盖明显的脸部缺点。

适合此类脸形的发型为能够盖住突出部位，并以柔和的效果打造两侧头发的柔美线条。

⑤ 瘦高的体型

适合留到肩部的长发，因为这样会盖住肩部较窄的缺点。

适合波浪卷儿或烫发，直发会使瘦弱的体型显得更加消瘦，并且要避免短发。

⑥ 矮小的体型

此类体型的发型应与身材相均衡。优秀的发型师都会在剪发前认真考虑最适合模特的发型长度。

此类体型的人最适合露出颈部的短发，但不适合长发或自由奔放的发型。

❸ 剪发的特点

1. 剪发的目的

剪发是发型设计的基础技术。烫发或造型等整体发型都要经过剪发这一过程。

剪发也被称为 Hair Shaping，意为做出头发的形态。

剪发的目的是把头发剪出符合设计发型的长度，整理头发的薄厚，从而便于完成最终的发型。

剪发会影响发型设计与染发等其他步骤。

剪发通过整理头发的形态，从而遮住脸部缺点，突出脸部优点。

2. 发型设计师的心态

发型设计师的工作是充满创作与想象的。

发型设计随时随地都在变化，所以目光永远要放得远一些。只有这样的目标与胸怀才能使创作工作继续下去。

不管发型设计师多么优秀，都要有一颗随时回到原点——剪发基础的心。即要抛弃所有杂念，找回最初纯洁的心态。拥有这样的放松心态，才能真正表达出新的创作设计。因为创新的宝库源于基础。

所以发型师们应利用充足的时间，沉着冷静地一步步走出自我。

同上所述，按照趋势变化的多样性的元素都会影响发型的设计与服饰的选择。而且，并不是说创造出优秀发型的人就是优秀的发型设计师。

本质上来讲，发型师应该在理解设计的基础知识的同时，还要去理解什么是真善美。即不仅要提高自己的技术，而且也要提高自身的修养，从而不断地开发自我，发现自我，找到符合自己志向的事业。在此之前，应以安定的心态进行准备，并为了更高水准而努力奋斗。

发型设计师不仅要不断挑战自己的潜力，而且要积极地发掘自己的无限潜力。

应关心周围所有事物，并且从它们的运动规律中进行学习。例如，欣赏音乐或艺术，掌握世界的动向与人们的生活方式。

通过这些行为方式来激发自身潜在的能力与感觉时，才可被称为真正的发型设计师。

3. 什么是剪发？

什么是剪发？它不是剪，而是留住"最美"的工作。

剪发为塑造一个样式或形态的过程。发型师要会考虑哪款发型最适合顾客，以及预想完成后的发型，而且要与顾客充分沟通。

有的顾客的审美可能比发型师的还高，但是只有发型师可以详细说明发型，所以顾客与发型师之间的充分沟通是非常重要的。

不要忘记考虑脸形与体型。要从顾客的体型、脸形以及他的要求中确定出把哪一项放在优先位置来考虑。剪发前应先确定是剪长发、中长发，还是短发。确定是剪低层次、向前斜上、向前斜下造型，还是不连接造型。洗发或把头发喷湿之前，要把握发流的方向与性质、前发的走向、发质等。头发在湿的状态下，很难辨认出上述要素。

在短发的情况下，颈部弧度与方

向非常重要，所以要在观察把握后再进行修剪。

对顾客的头型的掌握也是非常重要的。首先要掌握头顶部与枕骨的形态，而且要观察头部左右是否对称。在头部左右不对称的情况下，若把左右侧的头发剪得一边长，那么，完成后的发型也会出现不对称的现象，随之，顾客就会抱怨发型师的技术。

剪发前要确定发型，并且长出预计的发型0.5cm进行修剪，因为湿发时进行修剪，头发干了后会缩减，而且剪发时偶尔也会逐渐变短。

应随时根据头的位置来变换自己的位置进行修剪。因为剪发时难免出现错误，应在不变换整体形态的状况下进行适当的调整。

保持正确的姿势。不仅发型师要保持正确姿势，顾客也应根据发型师的要求适当变换姿势。

下面分别来介绍一次剪发与二次剪发。一次剪发是剪出轮廓，确定形态；二次剪发是整理多余部分并进行检查。

同时，要考虑是用剪刀还是剃刀进行修剪。这时需要按照顾客的发质与发型来选择是用剪刀还是剃刀。当使用打薄剪与发夹时，要注意梳理、角度、张力与分区，边检查边修剪。因为顾客通过镜子来观看自己的剪发过程，所以应随时梳理剪切线。即使在同一角度修剪，根据发片的量与分区，剪切线会产生变化。没有分区的剪发或忽略分区的剪发就像没有蓝图建房子一样。

应考虑是先涂抹保护液还是先吹干头发。首先要对不同发质营养液有所了解。

打造蓬松感与垂顺感时，所用到的剪发技巧与发型保护产品是不同的。此外，还需了解更多相关的知识。

通过报纸、杂志、广告、电视、话剧、电影等媒体来接触各种各样的信息。因为顾客虽然不了解剪发操作，但他们最了解什么是时下最流行的发型。

而且为了与顾客进行沟通，也要多了解流行信息。尽量保持沙龙内备有短发、中长发、长发的模板发型，因为这样会给顾客带来更多选择，而且这些选择更加具体。同时，为了达到预期效果，剪发时要不断进行检查。

为防止头发长度不一，应使头发始终保持湿润。检验一个发型师的方法就是看他是否能熟练地掌握颈部曲线，并且要确保顾客的颈部位置正确。

若头顶部的头发出现问题，应尽量让其自然垂落。若想在头顶部分发，即使成功了也只能维持到第二天早上，因为头发会倾倒在前侧或后侧。

优秀的发型师应会选择正确的位置进行分发，并且解释说明给顾客为什么他不能在他想要的地方分发。若想让头发走向自然，则应该避免勉强改变头顶发流方向的操作。

若前额头发不整齐，则切勿中分。前额处分发应按照头发的自然走向而分发。

剪发时的另一只手扮演着重要角色。修剪颈后头发时，不要忘了用另一只手按着修剪。如果不这样，干发后最外层头发会比内层头发短。

设计发型时更要考虑脸形。身高与头发长度的比例是非常重要的，并且要与脸部轮廓和脸际线成比例。

技术与感性以及沟通，所有这些都会增强发型设计后的喜悦与成就感。

4 剪发基础操作

1. 手部结构与关节

■ 手部结构

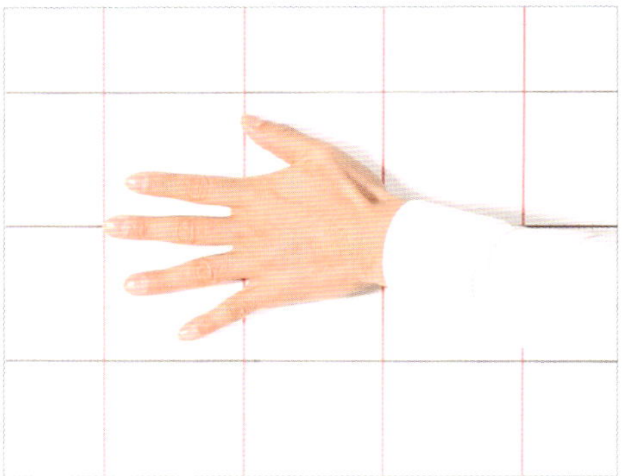

手部由 19 个骨节构成，是人体中关节结构最缜密的部位。

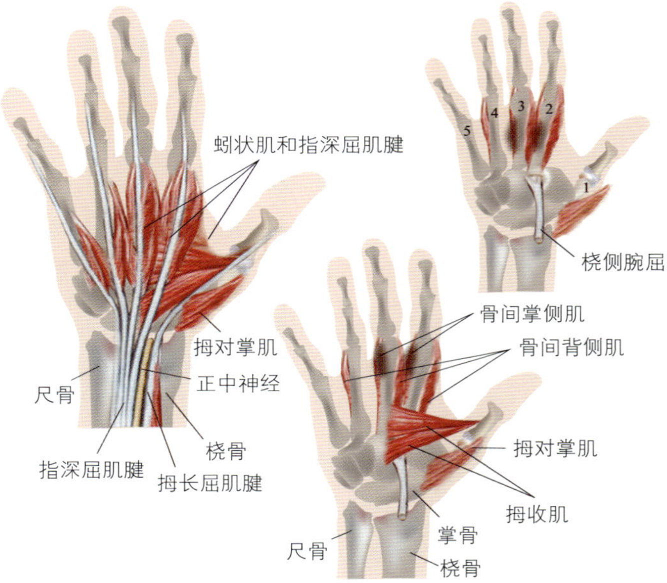

蚓状肌和指深屈肌腱
桡侧腕屈肌腱
拇对掌肌
正中神经
尺骨
桡骨
指深屈肌腱
拇长屈肌腱
骨间掌侧肌
骨间背侧肌
拇对掌肌
拇收肌
尺骨
掌骨
桡骨

2. 头部的角度

模头的基本形态

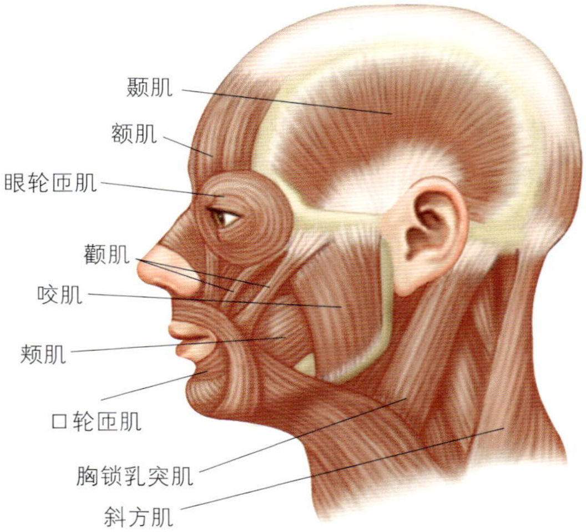

颞肌
额肌
眼轮匝肌
颧肌
咬肌
颊肌
口轮匝肌
胸锁乳突肌
斜方肌

上图中的肌肉对发型会产生影响，如熟知，便可自由地打造出理想的发型。

■ 头部的角度

90°

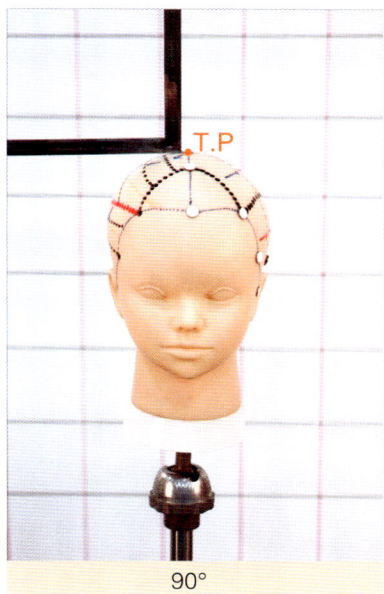

从头部顶点（T）量90°，即轴线处的0°。

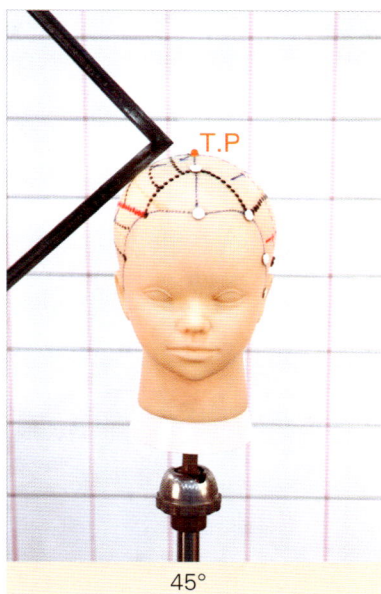

顶点

45°

从头部顶点（T）量45°，即轴线下的45°。

90°

中心点

从中心点的90° 熟知头部形态是非常重要的。

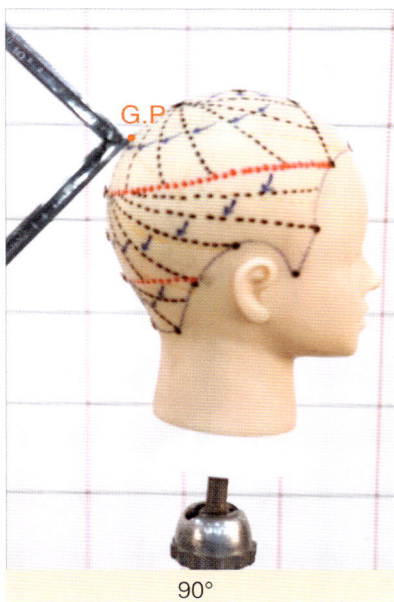

90°

黄金点

注意不要与顶点混淆。从黄金点不同角度进行操作，可改变头部后面的发量。

90°

后点

头后部会影响轮廓的厚重感，所以要重视此点，并与轴线成90°。

■ **头部的角度**

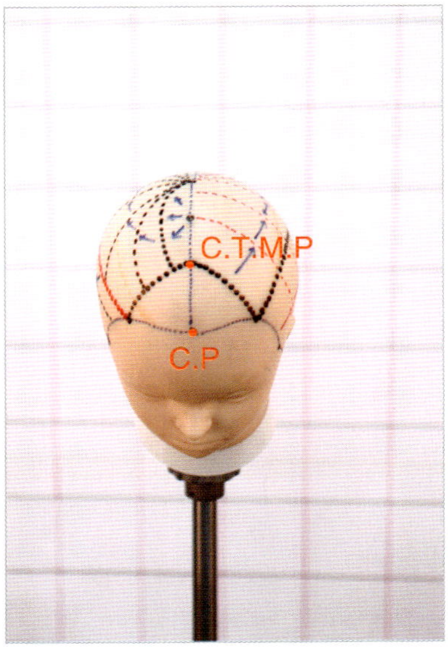

头部分区

前额分区 前额分区的宽为从一侧太阳穴（F.S.P）到另一侧太阳穴，高为从
C.P 到 C.T.M.P（5cm）的距离。

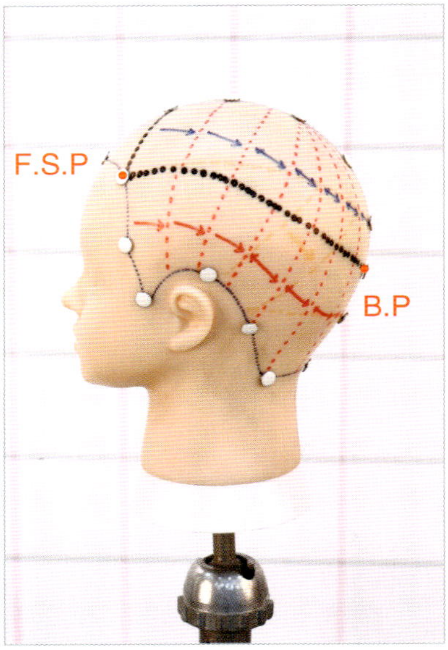

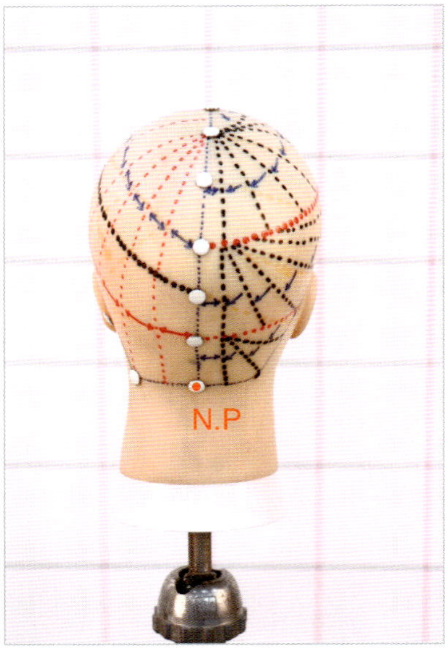

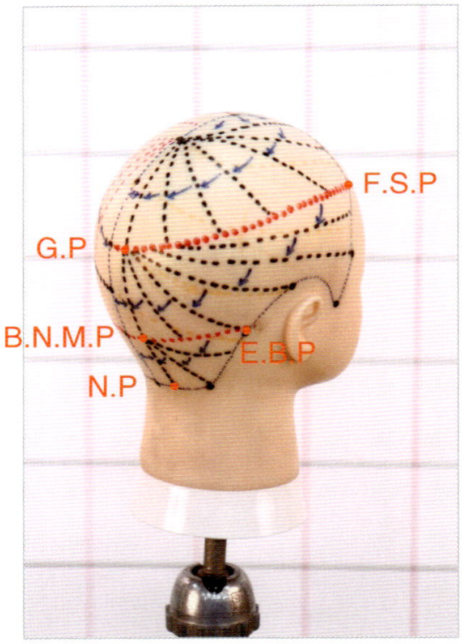

二分区

剪发设计中最基本的分区，从 F.S.P
分到 B.P。

多分区

适用于用最多量的头发表现轻盈感的发型，并常用于鲍勃头的修剪。

3. 梳子的结构与用法

❶ 梳子的结构

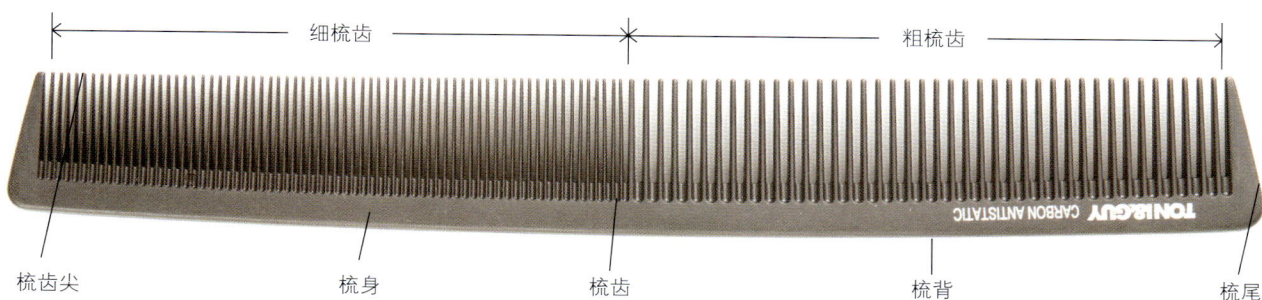

细梳齿　　　　　　　　　　　　　　粗梳齿

梳齿尖　　　　　梳身　　　　　梳齿　　　　　梳背　　　　梳尾

- **细梳齿部分（梳头用）**
  细齿梳梳发后，外拉力度均衡，剪发时使用。

- **粗梳齿部分（分区用）**
  梳齿间间隙较宽，用来梳理打结的毛发。

- **梳齿尖（分区用）**
  直接接触头皮并从头皮拉起毛发的部分，梳齿尖端应钝圆，不可过于尖锐。

- **梳齿（分区用）**
  梳子最重要的部分，梳齿排列应均匀、整齐。

❷ 梳子的握法

- 把大拇指放在梳子的中心，小指放在梳背下方，并用食指、中指、无名指握住梳背上方。

- 分发片时使用粗梳齿部位，造型时使用细梳齿，这时需要旋转梳子。

❸ 梳子的转法（基本）

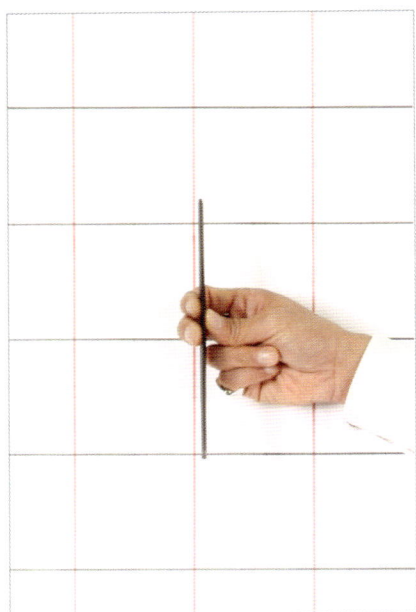

用大拇指、食指、中指握住梳子中心。

从前向后滑动中指。

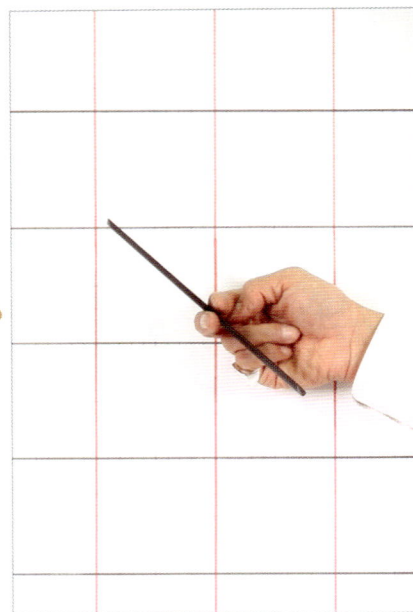

移开大拇指，用食指与中指握住梳子（食指在上，中指在下），这时梳子自动旋转。

向内收无名指与小指，用中指向内拉梳子。

向前拉大拇指。

❹ 梳子的转法（剪刀基本应用）

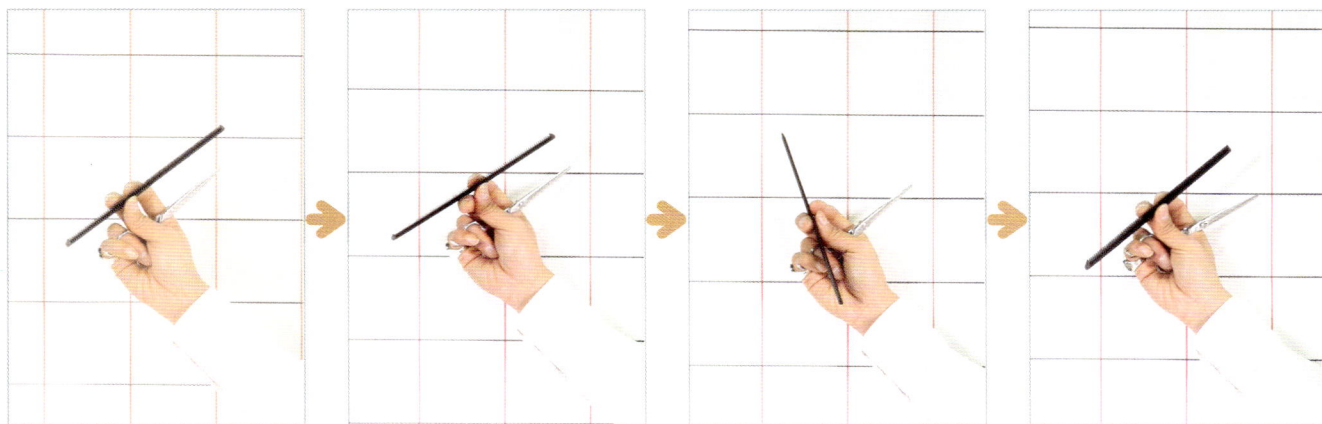

为了流畅地剪发及保持专业的姿势，掌握梳子的转法是必要的。

❺ 梳发技巧（水平）

侧面
稍微弯曲手指，使梳子呈水平状态。

正面
稍微弯曲手指使齿尖向下。

❻ 梳发技巧（垂直）

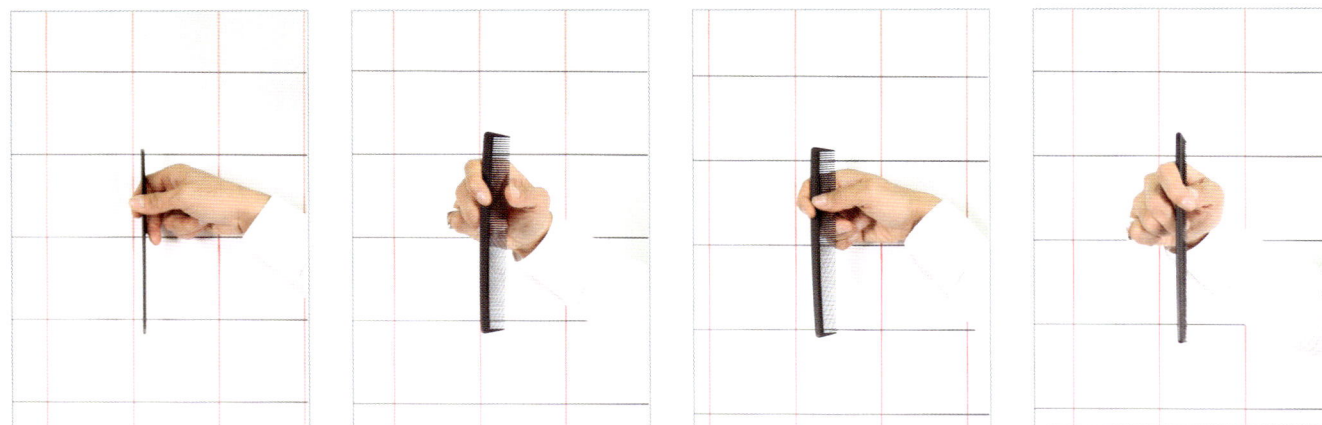

梳发时可以不使用手腕力量。以中指第二节为基准旋转梳子。慢慢旋转梳子，避免抖动。大拇指握住梳齿，用食指轻轻固定梳背。

❼ 梳发技巧（实操）

a. 头顶

向内梳

向外梳

水平角度梳头顶部分时，注意手臂应该尽量端平。

b. 垂直

握着梳子的手臂与梳子成 90° 角。

c. 斜梳（从右侧梳）

双臂保持对角线平衡。

d. 斜梳（从左侧梳）

做好内梳与外梳非常重要。

e. 侧边（从右侧梳）

双臂保持平衡。握梳子的手臂向下时，提拉发片的另一只手臂应向上拉。

f. 侧边（从左侧梳）

双臂保持平衡。握梳子的手臂向上时，提拉发片的另一只手臂应向下拉。

4. 剪刀的握法

❶ 剪刀的种类

不管在哪里做什么，人们都需要工具。军人需要一把好枪，高尔夫选手需要适合自己的高尔夫球杆，足球运动员需要科学制作的足球。那么，什么是美发师最重要的工具？

答案是剪刀。美发师如果熟悉不同剪刀的不同用法，并且熟练操作，就可打造出最佳发型。

a. 平剪（4~6.5 英寸）

b. 大平剪（7~8 英寸）

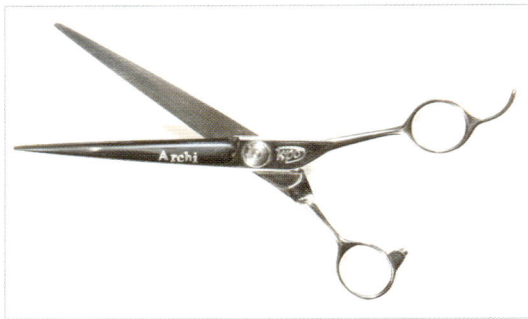

c. 干剪（5~6.5 英寸）

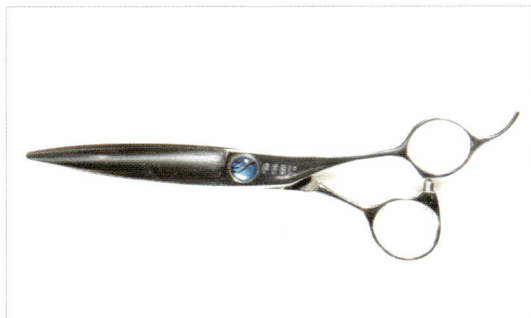

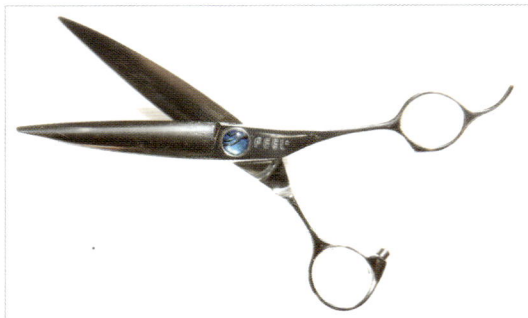

d. 弯剪（5~6英寸）

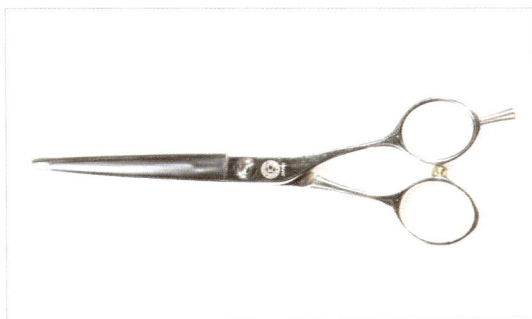

e. 打薄剪（5~6英寸 10%~50%）

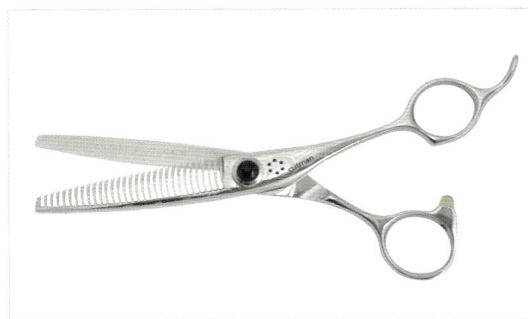

f. 剪刀的故事

每一把剪刀都是用匠人的热情铸造的。

为了使美容剪刀产品化，不仅仅采用最好的材料，而且所有生产过程都经过最新的生产装备外加最高端产品加工技术，最后交到匠人手中，他们用热情与巧手制作每一把剪刀。融入日本的材料、加工技术与韩国最高匠人用心制造的剪刀会成为美发师们最得力的助手。

专业剪刀术语

1. 刀尖
2. 静刃
3. 刀背
4. 螺丝孔
5. 半月
6. 刀柄
7. 刀颈
8. 动刃指环
9. 内指圈
10. 连杆
11. 静刃指环
12. 尾戒
13. 品牌标
14. 操作侧
15. 凸面
16. 凹面
17. 动刃
18. 消声器

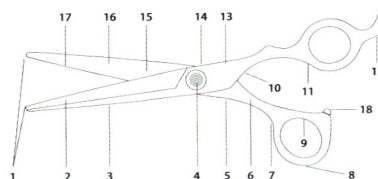

人体工学设计

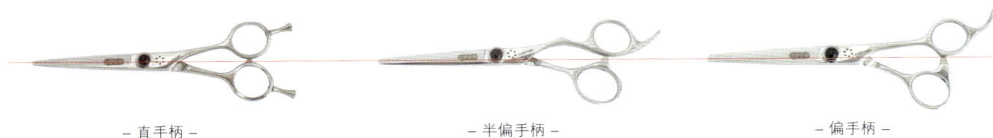

－直手柄－   －半偏手柄－   －偏手柄－

❷ 剪刀的使用方法（握法）

- 动刃：伸入大拇指。
- 静刃：伸入无名指。
- 把无名指伸入静刃指环到手指第二关节。
- 把剪刀中心点放到食指内侧关节部。
- 剪刀与手掌成 45° 后，把无名指伸入静刃指环到手指第一与第二关节之间，方便自由活动。
- 上述握法可根据手指的粗细与指环的大小而变化。

应用

剪刀的开与闭

- 不要弯曲无名指与小拇指，特别注意不要让小拇指向上或向侧面张开。稍微弯曲食指与中指来固定剪刀。
- 最大限度张开大拇指反复开关剪刀，并做练习。
- 张开剪刀时，两片刀刃应成 90° 。

a. 剪刀的使用方法（旋转）

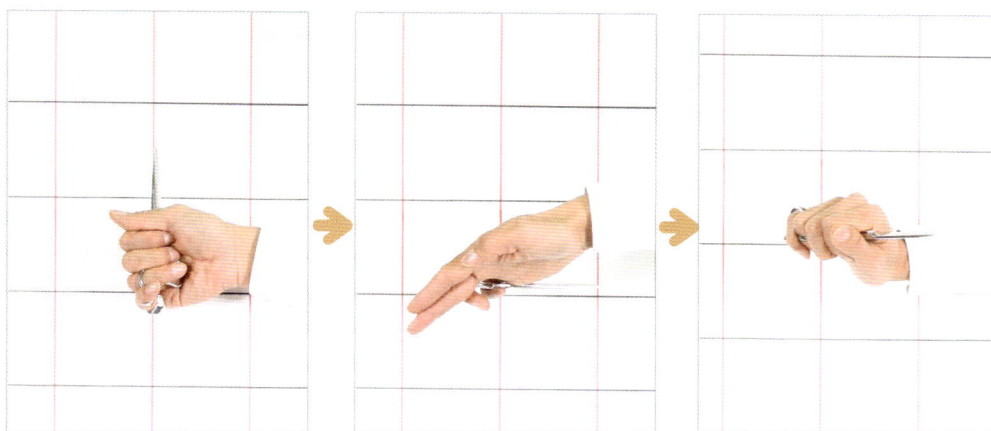

基本握法。

伸开大拇指、食指与中指。

利用手腕力量。

b. 剪刀的使用方法（转剪刀）

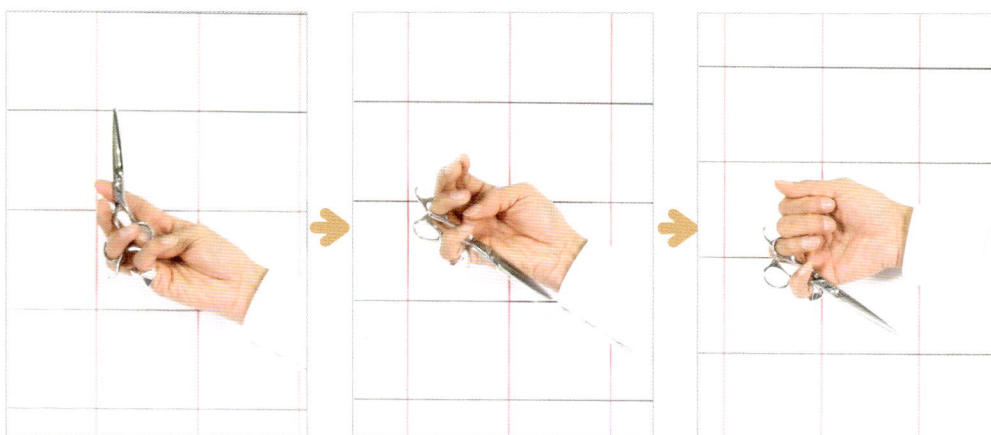

应用握法。

把小拇指搭在尾戒上。

利用大拇指与中指的反动力弹起剪刀。

让剪刀的螺丝部位卡到小拇指上。

轻轻握拳的感觉。

❸ 发片的抓法

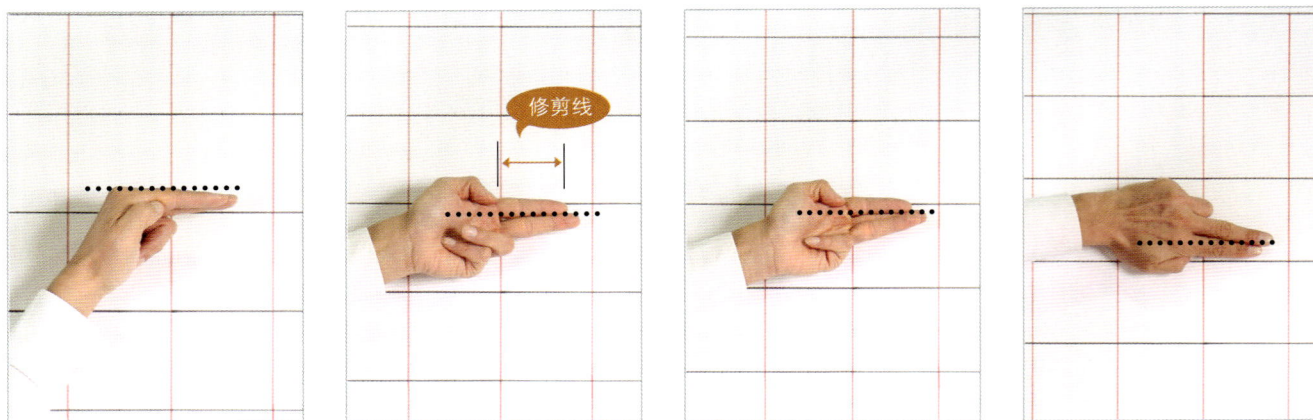

修剪线

- 剪发时，发片的抓法与剪刀的握法同样重要。因为要沿着手指剪出直线，所以如图把食指放到中指上方，并夹紧不留缝隙，可方便直线修剪。
- 如按普通方法抓发片，手指间会产生缝隙，不宜进行直线修剪。

a. 发片的抓法（剪发技巧）

平剪

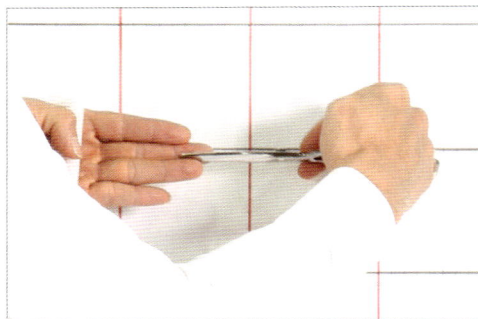

基本

伸直握住剪刀的手的无名指与小拇指。

应用

弯曲所有握住剪刀的手指。

点剪

基本

握住剪刀，伸直无名指与小拇指后与剪刀成 45°角。

应用

握住剪刀，弯曲所有手指后与剪刀成 45°角。

错误

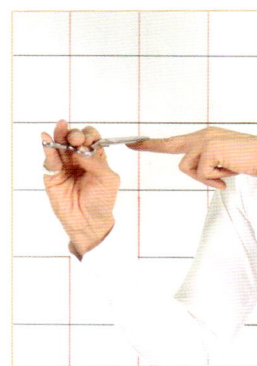

剪刀的角度为 0°。

b. 发片的抓法（垂直剪发技巧）

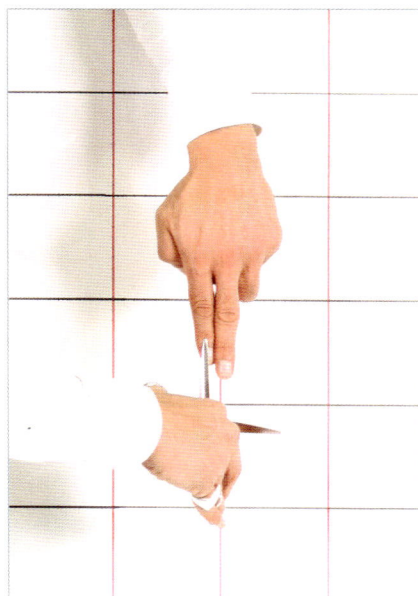

平剪

保持抓住头发的手与握住剪刀的手的角度一致。

点剪

错误

基本

剪刀角度为 45°。

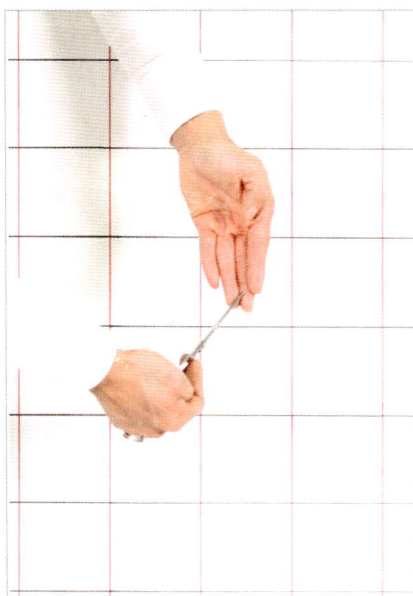

应用

握住剪刀后，弯曲所有手指呈 45°。

剪刀与抓住头发的手平行。

❹ 剪刀技巧

a. 向上敲剪

利用剪刀调节毛发的量感与质感的技术。

在手腕与剪刀平行的状态下，剪刀向外滑动。

b. 向下敲剪

在剪刀与手臂成直角的状态，剪刀向下滑动。

c. 侧敲剪

握住剪刀，在手臂打开的状态下，手臂向外转。

d. 转剪

剪发后为了调整发量所使用的技巧。

握住剪刀后，只使用大拇指来修剪。

e. 塑型剪

剪发后，为了打造蓬松感时所使用的技巧。

由上至下

错误

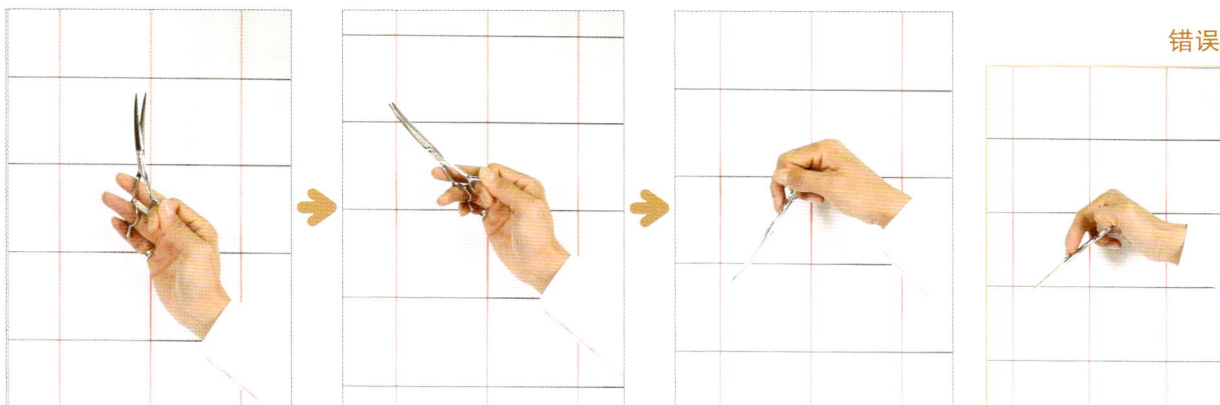

用大拇指第一关节固定剪刀的静刃，大拇指压住食指，用无名指第二关节握住动刃。

不可把大拇指全部伸入指圈里。
原因：防止剪掉过多的头发。

由下至上

错误

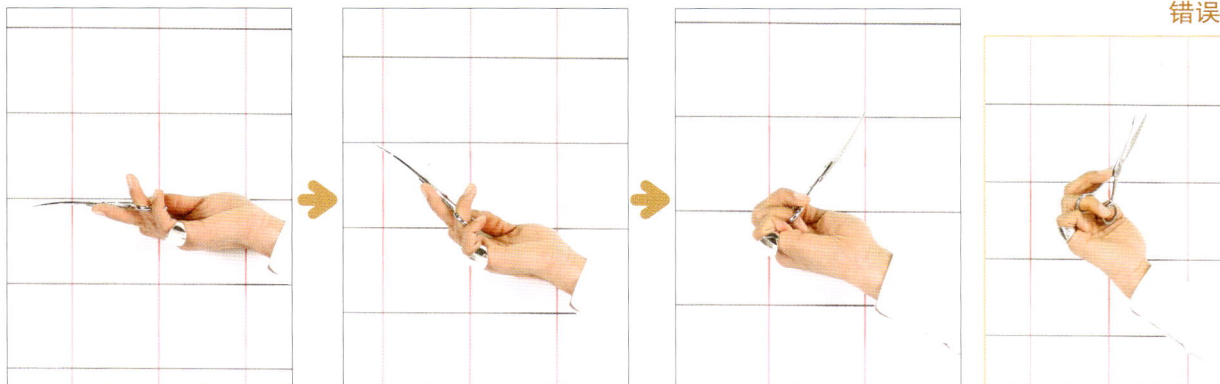

注意手心朝上。
原因：防止手部角度倾斜导致改变发型的方向。

不可把大拇指全部伸入指圈里。

f. 刻痕剪

基本剪发结束后，用来处理发梢的技巧。

用大拇指与中指握住剪刀后，仅使用手腕的力量来修剪。
注意：吹干后进行修剪。

g. 逆剪

拉剪法的另一种。

使用于多层次发型的修剪过程，是利用大拇指与无名指的技巧。

5. 剪刀实操技术

❶ 剪刀基本技法

a. 头顶部

平剪（基本）

使剪刀与抓住发片的手指平衡。

错误

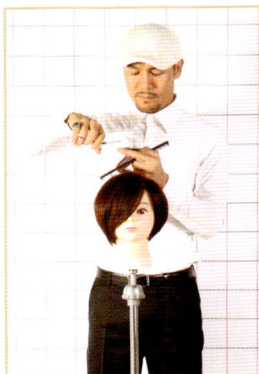

不可把握着剪刀的手臂或抓着发片的手臂贴在腰际。

平剪（应用）

用所有手指握住剪刀后进行修剪。

点剪

保持剪刀的角度为 45°。

错误

如抓着发片的手臂贴在腰际，发片会呈弯曲状态，而非绷紧状态。

b. 侧面部分

平剪（基本）

把剪刀开到最大后进行修剪的技巧。

平剪（应用）

用所有手指握住剪刀进行修剪的技巧。

点剪（向上）

保持剪刀与发片的角度为45°，剪刀
由下至上地修剪。

点剪（向下）

保持剪刀与发片的角度为45°，剪刀
由上至下地修剪。

错误

如抓住发片的手臂弯曲时，发
片也会呈弯曲状态。

c. 发尾部分

梳剪

用梳子配合修剪会剪出整齐的发线。

错误

修剪部位与眼睛未处于一条水平线上。

指剪

一次性可修剪较多量的头发。

点剪

适用于修剪圆滑的轮廓。

错误

修剪部位与眼睛未处于一条水平线上。

❷ 刻痕剪

向下	向上
适用于修剪干发时发量的调整。	适用于打造头发里侧的蓬松感时的技巧。

❸ 转剪

修剪吹干后头发的技巧，适用于打造整体发量与律动感。

在下面（向右）修剪　　在下面（向左）修剪　　向侧面修剪

❹ 滑剪

剪刀滑动修剪的技巧，适用于调整发绺方向与打造脸部轮廓的多层次。

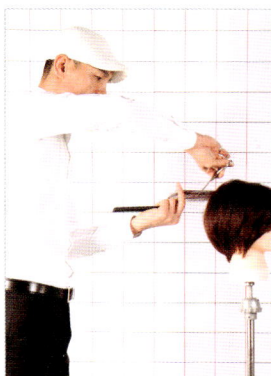 

在上面（向下）点剪（基本）　　在下面（向上）点剪（基本）　　前面的点剪（基本）　　前面的点剪（应用）

❺ 徒手自由剪

不用手指抓住头发的状态下根据感觉进行修剪，适用于设定发型线条与除去多余发量。

修剪颈部　　　　　　　　　　　　修剪前部

❻ 敲剪

用剪刀柔和地修剪发尾的技巧。

a. 在下面敲剪

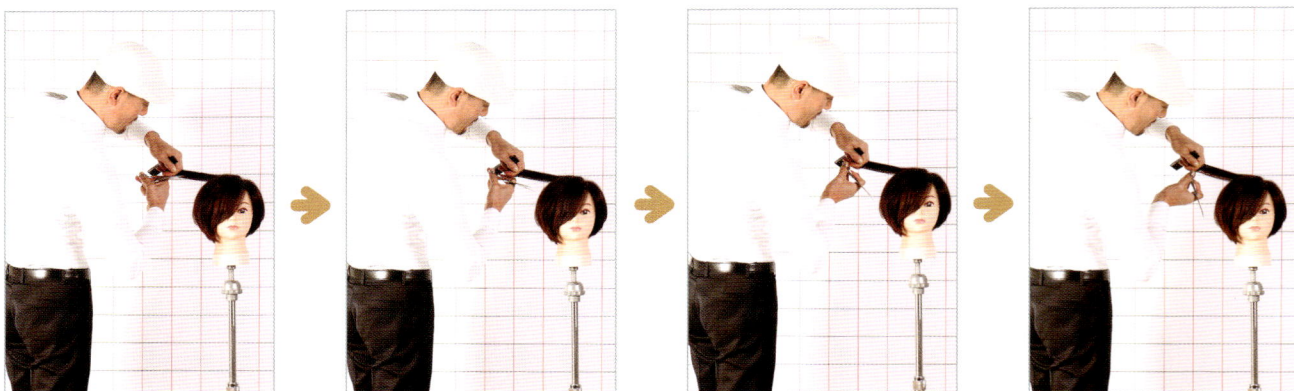

握着剪刀的手臂向下，抓住发片的手臂向上。
注意： 不可把握着剪刀的手腕向内弯曲。

b. 在上面敲剪

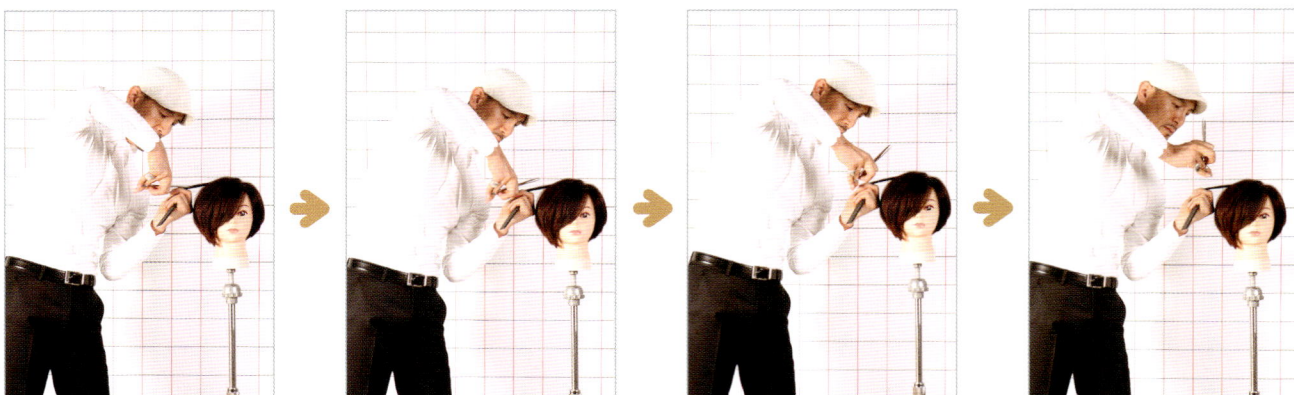

握着剪刀的手臂向上，抓住发片的手臂向下。

握住剪刀的手臂与抓住发片的手臂平衡的状态下，握住剪刀的手腕向外侧移动修剪。

❼ 深度点剪

基本

把抓住发片的手指弯曲围绕住发片，使发片均匀分散。适用于发片过厚时柔和地修剪发尾。

应用

利用梳子会使发片适度弯曲，易于修剪。

❽ 塑型剪

剪发后，适用于修剪出毛发的蓬松感、量感和律动感的技术。

a. 从上面进行

拉紧发片后，仅用无名指控制剪刀
进行修剪的技术。

b. 从下面进行

竖起剪刀修剪，适用于打造蓬松感时的技术。

c. 利用梳子

用于打造短发的蓬松感时的技术。

❾ 挑剪法

适用于修剪比点剪法较多的发量或调整发流的方向。

a. 从下面进行

抓住均匀分散的发片，旋转剪刀进行修剪的技法。

b. 从前面进行

适用于修剪脸部轮廓的发流的方向与律动感。

⑩ 拉剪

适用于修剪发流方向与律动感。

轻轻抓住发片，从发根到发梢方向进行修剪，这时仅使用抓住剪刀的手腕的力量。

⑪ 剃刀剪

利用锋利的剃刀，在湿发状态下进行修剪。

侧面修剪

修剪时，使剃刀与发片平行。

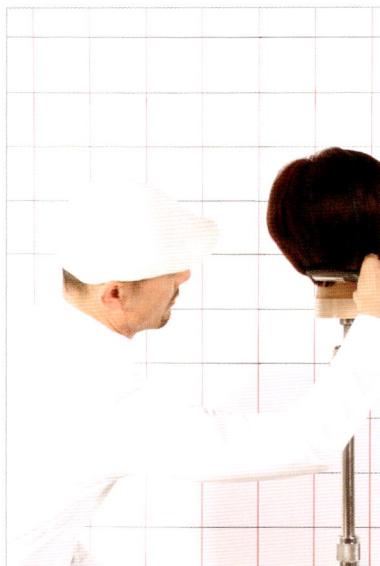

颈线修剪

适用于修剪柔和的颈线。

从下面修剪

剃刀在发片下方进行修剪，适用于打造蓬松感。

5 剪发的姿势

基本剪发姿势

腿与脚的位置：双脚与肩同宽站立，双脚平行向前。如右脚迈出约半脚长度时，膝盖应稍稍弯曲。

臂与手的位置：抬高左手臂到右胸前，弯曲呈90°直角。手掌自然垂放，便于剪发；弯曲大拇指呈90°，便于使用梳子。并拢其他手指。抬起右臂，剪刀放在左手中指上。

头与视线的位置：视线应在左手与右手交汇处，即应注视剪刀开闭进行剪发的部分。

1. 水平修剪姿势

❶ 基本姿势

错误

剪发时最基本的姿势。

剪刀与抓住发片的手臂
未形成平行状态。

❷ 应用姿势

错误

因抓住剪刀的手的所有手指可以用力，所以可以修剪较多量的
头发。

双臂未形成平行状态。

❸ 上面的部分（基本）

腿与脚的位置： 双脚与肩同宽站立，双脚平行向前。左脚迈出约半脚远。

手臂位置： 抬起双臂，左手手掌与地面平行，剪刀位置与右手相同。视线放在要修剪的部分。

未使双臂平行。

❹ 上面的点（应用）

错误

腿与脚的位置： 双脚与肩同宽站立，双脚平行向前。左脚迈出约半脚远。

手臂位置： 抬起双臂，左手手掌与地面平行，剪刀位置与右手相同。视线放在要修剪的部分。

如双臂未平行，修剪出的发片会参差不齐。

❺ 上面的部分（点剪）

错误

腿与脚的位置：双脚与肩同宽站立，双脚平行向前。左脚迈出约半脚远。

手臂位置：抬起双臂，左手手掌与地面平行，剪刀与地面成45°。视线放在要修剪的部分。

避免将抓着发片的手的手肘下垂。

2. 对角修剪姿势

❶ 右侧

a. 右侧（基本）

错误

腿与脚的位置：双脚与肩同宽站立，双脚平行向前。左脚迈出约半脚远或保持原位。

手臂位置：腰部向右侧微曲，抬起双臂，摆成机翼的样子。修剪右侧头发时，右膝弯曲，略低于左膝。

避免将抓着发片的手的手肘下垂。

b. 右侧（应用）

错误

腿与脚的位置： 双脚与肩同宽站立，双脚平行向前。左脚迈出约半脚远或保持原位。

手臂位置： 腰部向右侧微曲，抬起双臂，摆成机翼的样子。修剪右侧头发时，弯曲右膝略低于左膝。

避免将抓着发片的手的手肘下垂。

c. 右侧（点剪）

错误

腿与脚的位置： 双脚与肩同宽站立，双脚平行向前。左脚迈出约半脚远或保持原位。

手臂位置： 腰部向右侧微曲，抬起双臂，摆成机翼的样子。剪刀与地面成 45° 角。修剪右侧头发时，弯曲右膝略低于左膝。

❷ 左侧

a. 左侧（基本）

腿与脚的位置： 与右侧剪法的基本姿势相同，但可适时移动脚的位置。

手臂位置： 腰部向左侧微曲，抬起双臂，摆成机翼的样子。此时，剪刀从上到下进行修剪，同时需用力抓住剪刀。视线放在要修剪的部分。

错误

b. 左侧（应用）

腿与脚的位置： 与右侧剪法的基本姿势相同，但可适时移动脚的位置。

手臂位置： 腰部向左侧微曲，抬起双臂，摆成机翼的样子。视线放在要修剪的部分。

错误

c. 左侧（点剪）

腿与脚的位置： 左脚迈出半脚远或保持不动，身体重心放在左脚。

手臂位置： 剪刀的手臂保持平衡，抓着发片的手臂呈 45° 斜放。剪刀与地面成 45°。视线放在要修剪的部位。

避免抓着发片的手臂贴近身侧。

3. 垂直修剪姿势

❶ 垂直修剪（基本）

腿与脚的位置： 双脚与肩同宽，左脚迈出半脚远，左膝稍微弯曲。

手臂位置： 平剪时，腰部向左侧弯曲，抬起右臂，同时，左臂维持垂直状态。
视线放在要修剪的部位。

❷ 垂直修剪（应用）

错误

腿与脚的位置：双脚与肩同宽，左脚迈出半脚远，左膝稍微弯曲。

手臂位置：平剪时，腰部向左侧弯曲，抬起右臂，同时，左臂维持垂直状态。
视线放在要修剪的部位。

避免抓着剪刀的手腕弯曲。

❸ 垂直修剪（点剪）

错误

腿与脚的位置：双脚与肩同宽，左脚迈出半脚远，左膝稍微弯曲。

手臂位置：点剪时，腰部向左侧弯曲，抬起右臂，同时，左臂维持垂直状态。
视线放在要修剪的部位。

避免抓着剪刀的手腕弯曲。

4. 齐剪姿势

❶ 齐剪（基本）

错误

腿与脚的位置：双脚与肩同宽，左脚迈出半脚远，左膝稍微弯曲。

手臂位置：左手臂与剪切线同高，右手臂与剪切线成直角。左手手掌向下，与剪刀平行。左手与右手的交汇处应在美发师的右侧。视线与剪切线同高。

视线应与剪切线同高。

❷ 齐剪（点剪）

错误

腿与脚的位置：双脚与肩同宽，左脚迈出半脚远，左膝稍微弯曲。

手臂位置：左手臂与剪切线同高，右手臂与剪切线成直角。左手手掌向下与剪刀平行。左手与右手的交汇处应在美发师的右侧。视线与剪切线同高。

视线应与剪切线同高。

❸ 齐剪（应用）

a. 平剪

腿部位置：右侧膝盖跪地，左侧膝盖呈90°，便于调节修剪位置的高低。

手臂位置：抬起双臂，左手手掌向下，右手剪刀与之平行。左手与右手的交汇处应在美发师的右侧。视线应与剪切线同高。

b. 点剪

手臂位置：左手手掌向下，放低持剪刀的手臂，剪刀始终维持45°。

6 剪发理论基础

剪发时根据不同情况要使用不同的道具，其中主要为剪刀与剃刀。剃刀多用于修剪湿发。所以，用剃刀修剪的方法也被称为湿剪法。这是为了使头发柔顺，减轻在修剪中拉扯头发时产生的疼痛感。

与之相反的是用剪刀修剪干发的技巧，被称为干剪法。但是湿剪比干剪更加容易。湿剪的作用是：第一，在不损伤头发的情况下，可准确修剪头发；第二，头发状态便于修剪；第三，便于掌握顾客的头盖骨形态。

干剪的作用是：第一，修剪卷发或大波浪卷儿；第二，在没有长短变化的情况下进行修剪；第三，便于掌握发型的整体形态；第四，简单修剪损伤的头发。

在永久烫发前、后所进行的修剪被称为烫前修剪与烫后修剪。

烫前修剪指在烫发前的修剪，目的是：第一，把头发剪到适用于烫发设计的恰当长度（通常比卷发设计长1~2cm）；第二，整理参差不齐的头发而使其便于弯曲；第三，发量过多时打薄1~2mm头发从而便于上卷发杠。

烫后修剪是指烫发后按照整体设计来修剪头发。

头部的点

就像所有事物都有名字一样，人体的每个部位、每个点都有自己的名字。剪发前，需要熟记头部的点。

头部比手大，所以为了正确修剪，区分与熟记各点是非常必要的。

为了简单容易地修剪，希望大家熟记以下15个点。

1	C.P	中心点（Center Point）
2	T.P	顶点（Top Point）
3	G.P	黄金点（Golden Point）
4	B.P	头后点（Back Point）
5	N.P	颈点（Nape Point）
6	F.S.P	前侧点（Front Side Point）
7	S.P	侧点（Side Point）
8	S.C.P	侧角点（Side Corner Point）
9	E.P	耳点（Ear Point）
10	E.B.P	耳后点（Ear Back Point）
11	N.S.P	颈侧点（Nape Side Point）
12	C.T.M.P	头顶中心点（Center Top Medium Point）
13	T.G.M.P	头顶黄金点（Top Golden Medium Point）
14	G.B.M.P	头后黄金点（Golden Back Medium Point）
15	B.N.M.P	头后颈点（Back Nape Medium Point）

1. 分区

❶ 一分区

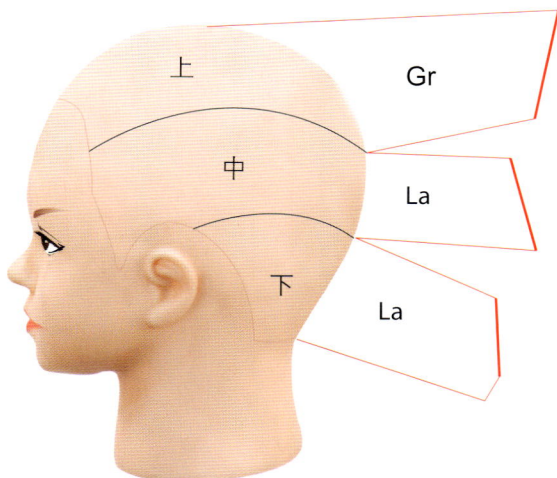

La　　Gr　　On

缩写	中文	英文
La	高层次	Layer
Gr	低层次	Graduation
On	等长	One Length

❷ 二分区

上（Over）

下（Under）

Gr

La

缩写	中文	英文
Na	颈部分区	Nape Section
Ov	头上部分区	Over Section
Un	头下部分区	Under Section
Mi	头中部分区	Middle Section
Fr	头前额分区	Front Section
To	头顶部分区	Top Section
Si	头侧部分区	Side Section

❸ 三分区

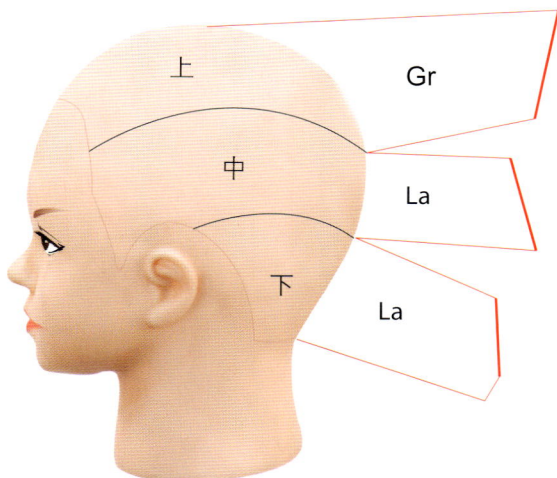

上

中

下

Gr

La

La

❹ 多分区

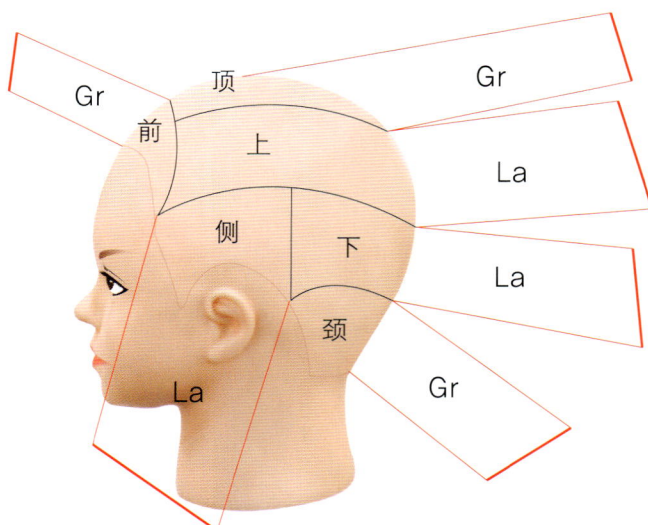

Gr

顶

前

上

侧

下

颈

Gr

La

La

La

Gr

❺ 耳到耳分区

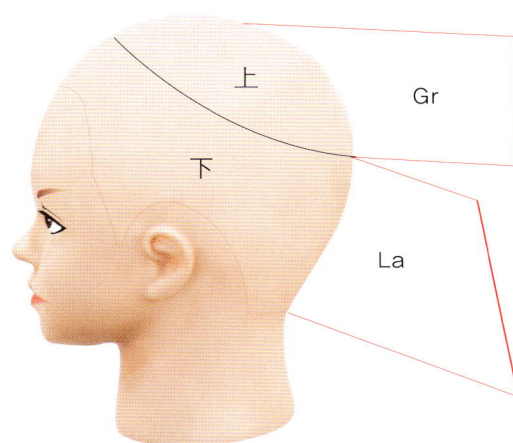

❻ 圆形分区

上

下

Gr

La

❼ 马形分区

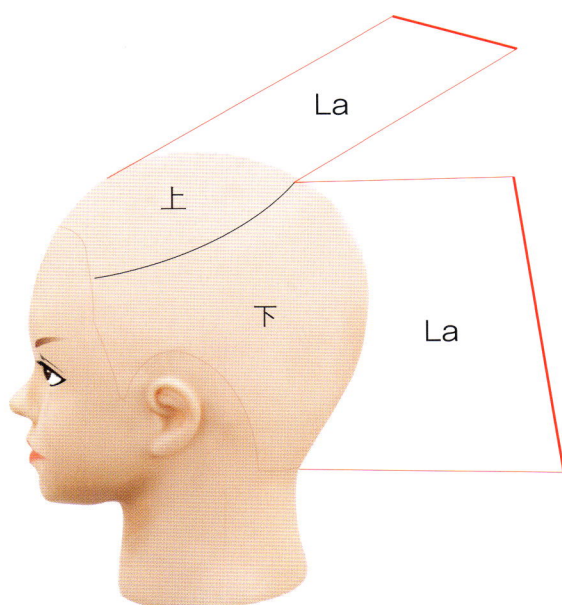

La

上

下

La

❽ 星形分区

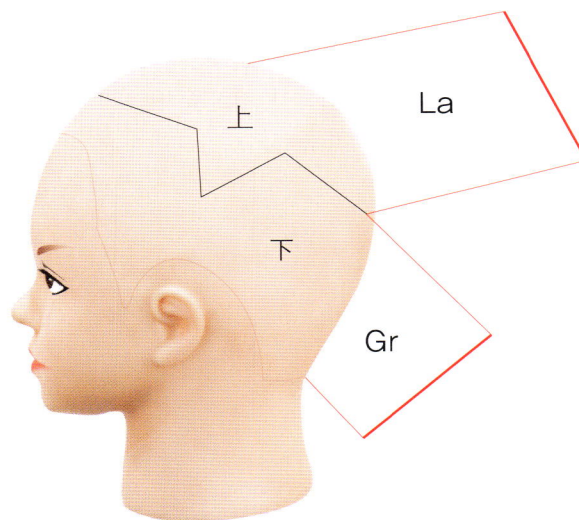

上

下

La

Gr

2. 轮廓

❶ 向前斜下

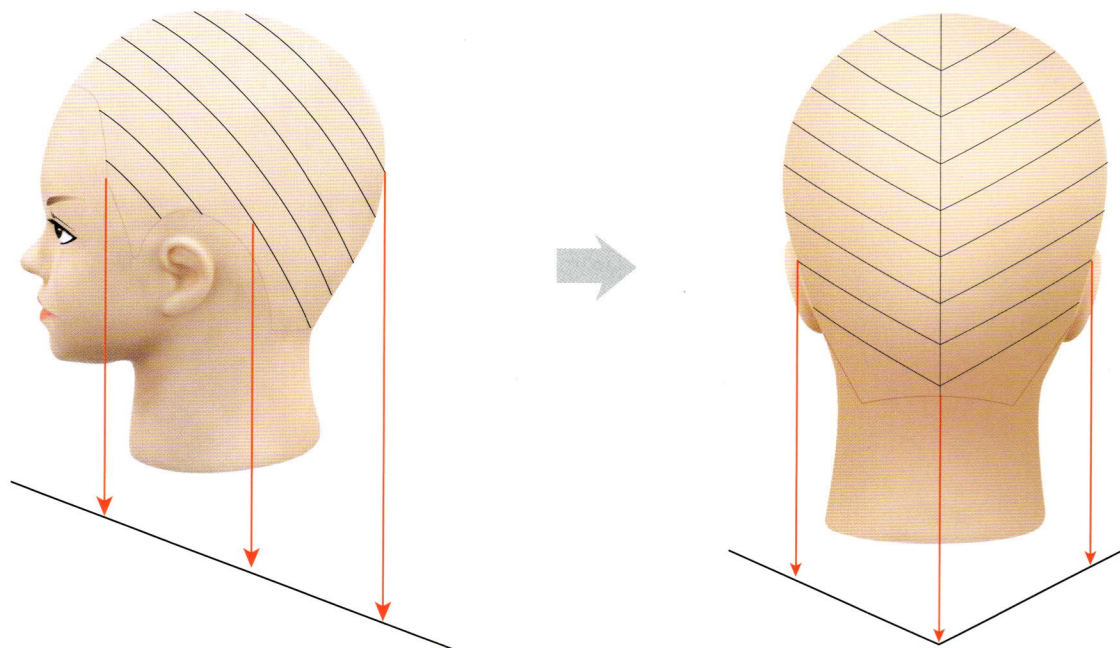

❷ 向前斜上

❸ 等长（齐发）

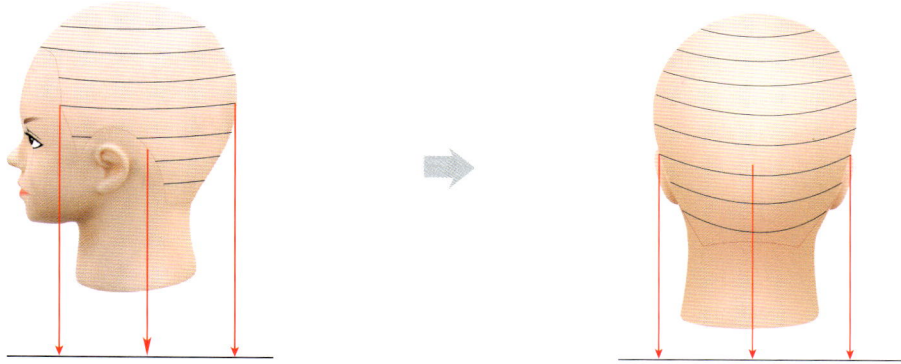

3. 分片

❶ 垂直分片

❷ 水平分片

❸ 斜分片

❹ 顶点分片

4. 基准线与分配

❶ 垂直修剪

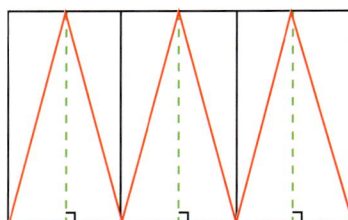

a. 垂直分配（在发束基准线上修剪）

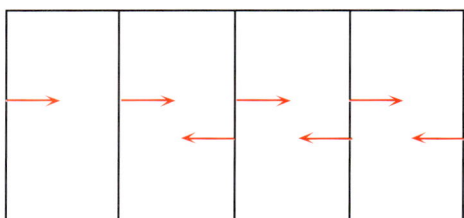

b. 自由垂直分配（偏离发束基准线，但在分发线内修剪）

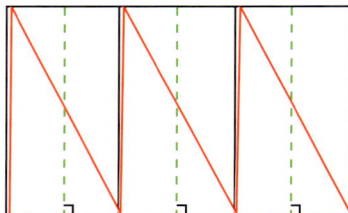

c. 侧垂直分配（偏移至分发线上修剪）

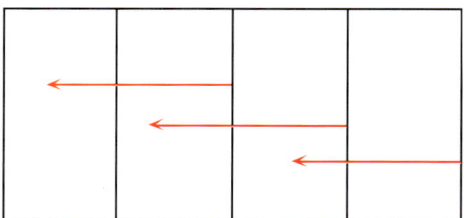

d. 偏移分配（偏移至下一发束基准线上修剪）

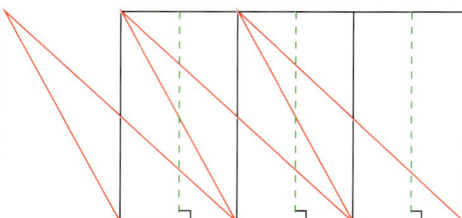

e. 过偏移分配（偏移至下一发束分发线上修剪）

❷ 水平修剪

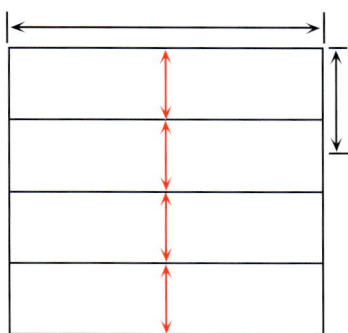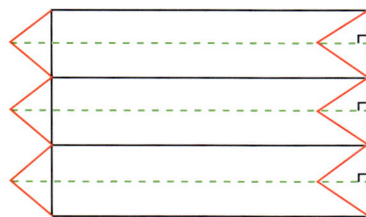

a. 水平分配

b. 下 水 平 分 配（偏移至发束下侧分发线上修剪）

c. 上 水 平 分 配（偏移至发束上侧分发线上修剪）

❸ 斜分片与分配

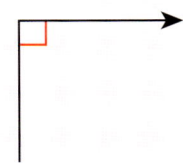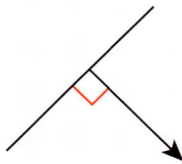

a. 垂直分配

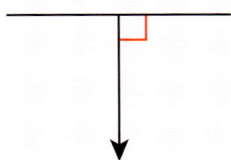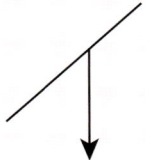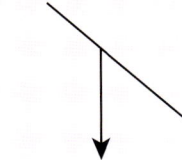

b. 自然分配

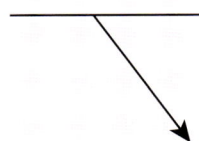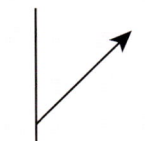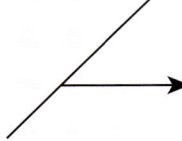

c. 偏移分配

5. 角度

❶ 天体角（从头部中心点产生的角度）

$90°(0°)$
$45°$
$45°$
$(90°)0°$
$0°(90°)$
$45°$
$45°$
$0°(90°)$

❷ 头面角（头部不同部位上的角度）

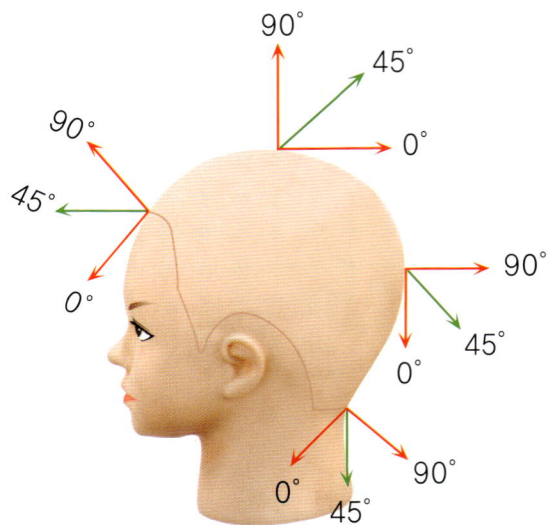

$90°$
$45°$
$90°$
$0°$
$45°$
$90°$
$0°$
$45°$
$0°$
$90°$
$0°$
$45°$

6. 手指与梳子的位置

❶ 线内

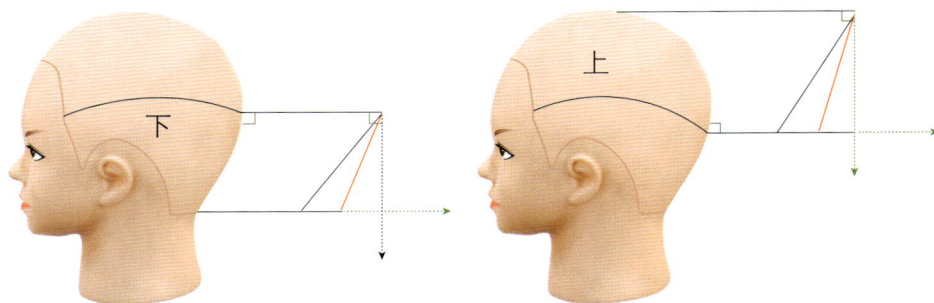

下　　上

❷ 方形线

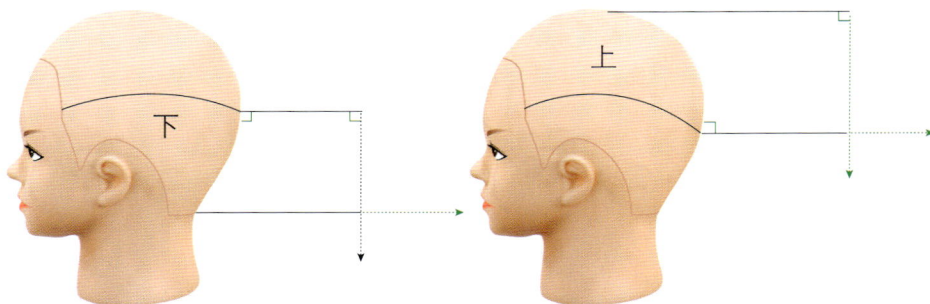

下　　上

❸ 线外

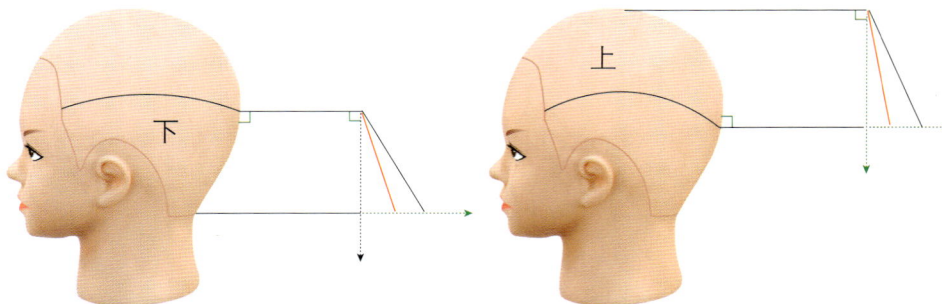

下　　上

7. 修剪技术

❶ 平剪

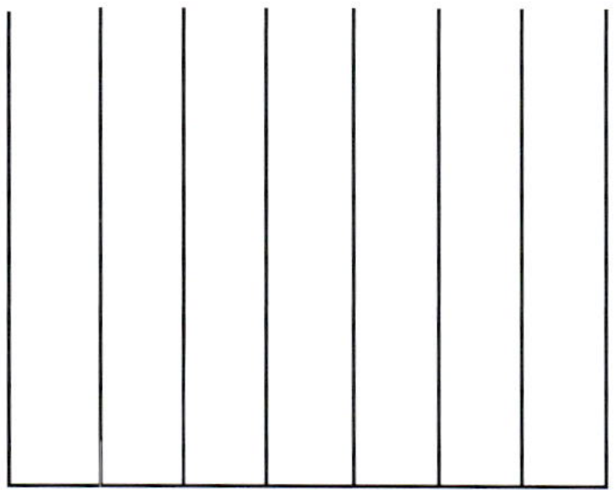

❷ 点剪

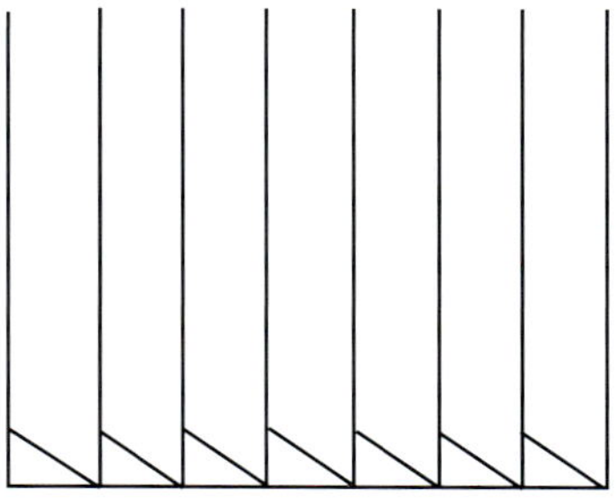

❸ 剃刀削剪

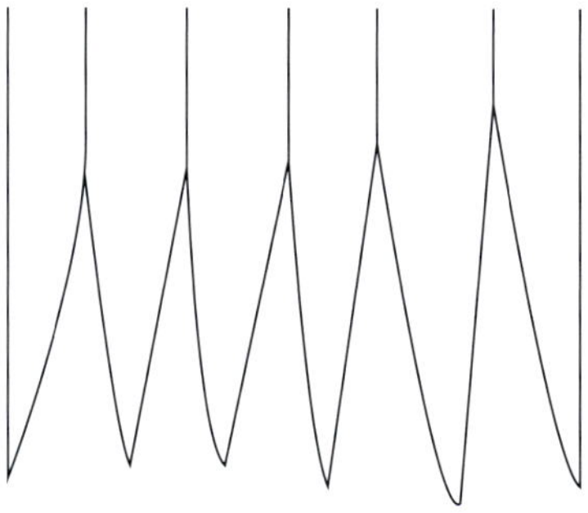

❹ 刻痕剪

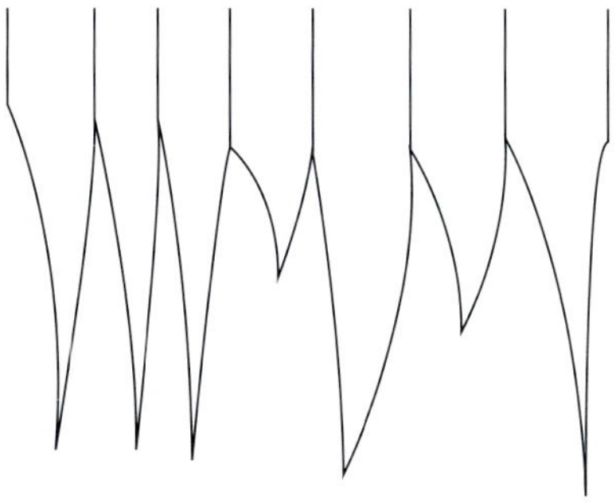

❺ 滑剪

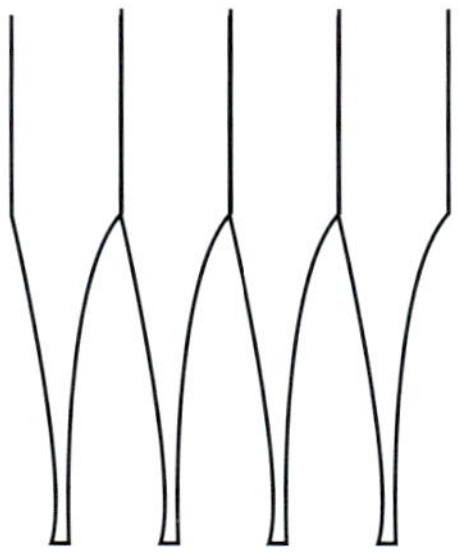

❻ 打薄剪

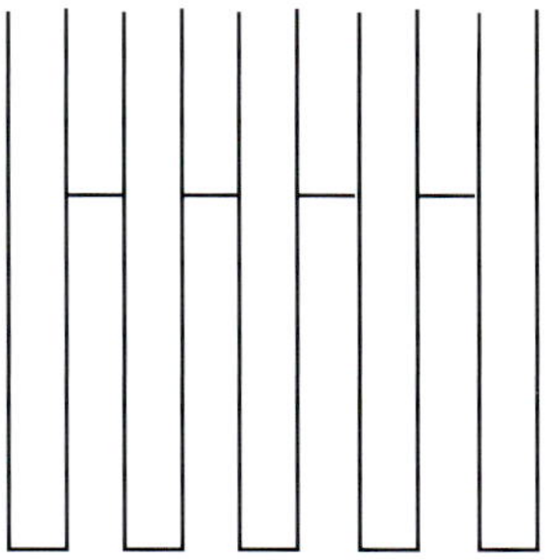

❼ 塑型剪

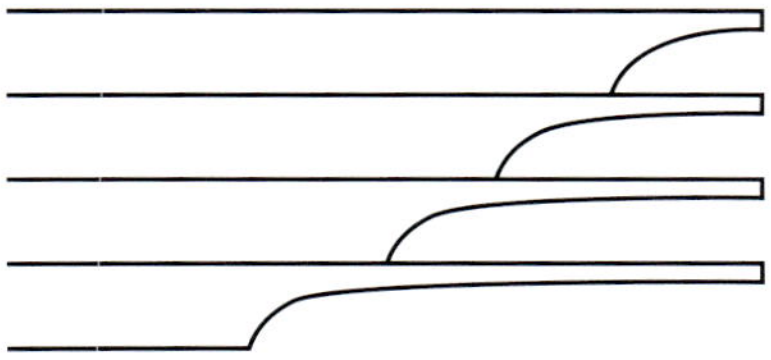

❽ 转剪

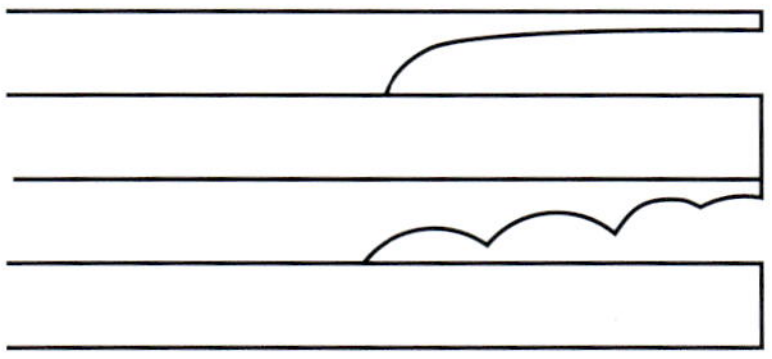

❾ 拉剪

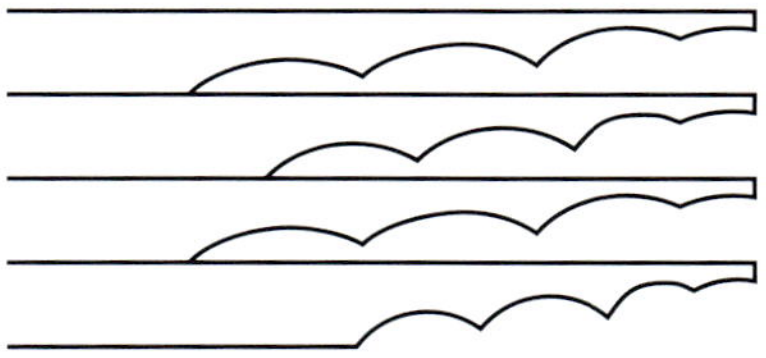

8. 头位

❶ 向下

❷ 向上

❸ 向左

❹ 向右

❺ 标准

9. 基本形状

❶ 齐发（一直线修剪）

❷ 低层次

❸ 均等层次

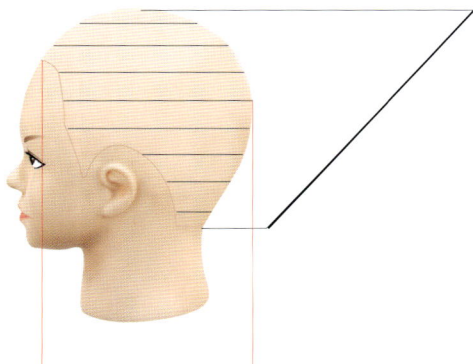

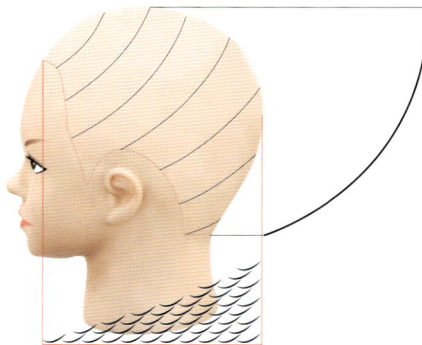

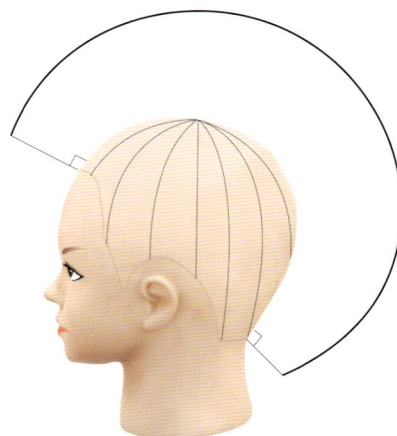

实操

第二章

修剪过程

1. 新古典主义 蘑菇头

沙龙剪发最重要的是模特与发型的协调感，因为只有这样才可以通过正确的剪发来打造创意感实足的美丽发型。

第1～第5部分，讲解使用模头来修剪出强调线条感的发型；从第6部分开始讲授沙龙发型。

1. 分区 ⟹ 一分区

2. 轮廓线 ⟹ 向前斜上

3. 分发片 ⟹ 斜分片

4. 基准线与分配 ⟹ 垂直分配

5. 角度 ⟹ 头面角 0°~45°

6. 手指与梳子的位置 ⟹ 方形线

7. 修剪技法 ⟹ 点剪

8. 头位 ⟹ 向下

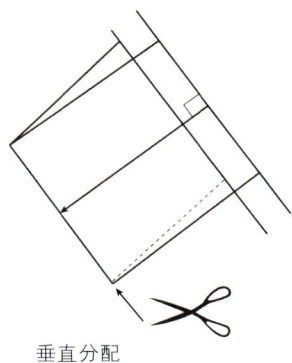

2cm

5cm

3cm

第一次分片因脸际线条弯曲而出现折角，但最后的分片应是圆形。修剪脸部轮廓时应垂直分配修剪，修剪颈部时应偏移分配修剪。

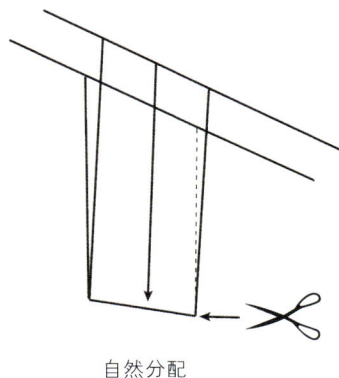

最后分片应在依靠重力自然垂下的部分进行修剪。

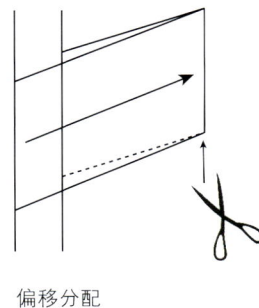

垂直分配

自然分配

偏移分配

重点

发片的宽度为2cm。

修剪侧面时，尤其要注意其角度。
原因：如果忽略其角度，则会影响下个发片的长短。

重点

从C.P开始，修剪5cm。

按照柔和弧度分片，比第一次分片要自然柔和。

1 把头发分成两部分，但分发线要靠侧一些。
原因：便于修剪另一面时的线条连接。

2 正确分区。

3 在离眼眉一手指处修剪。

4 修剪的角度为直角。
原因：若修剪角不是直角时，整体长度会有变化。

5 利用点剪法进行修剪。

6 修剪完第一个发片时的状态。
重点：发片为四角形。

7 修剪颈部发片时，比C.P处短2cm。

8 第一次分片修剪完成。

9 第二次分片严格按照第一次分片的长度进行修剪。

10 第三次分片比第二次要柔和。

11 第三次分片时把发片拉起1cm 后进行修剪。

12 下一次分片按照第一次分片进行。

13 第四次分片时，把发片从第一次分片处拉起 3~4cm 进行修剪。

14 第四次分片完成。

15 第五次分片时，把发片从第一次分片处拉起 4~5cm 进行修剪。

16 如图，把发片拉成直角。

重点

第三次分片完成后的状态。

最后一次分片要在头发自然垂落的状态下进行。

重点

另一面分片按照同样方法进行。

原因：分片不可过宽或过窄，否则会导致两边头发的厚度不一致。

第四次分片完成后的状态。

Gr

Gr

5cm

3cm

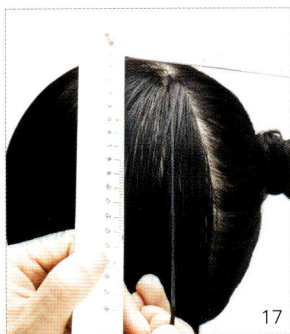

17 头后的头发在自然垂落的状态下进行修剪。

完成

短发一直受到女性的爱戴，而且非常适合五官较显平面的亚洲人脸形。就像时尚界的条纹，建筑的巴洛克样式受宠一样，某个领域都有着长期不变的经典。在发型设计领域，鲍勃头就是这样的发型。

Cut Process

1. 分区 ⇒ 多分区

2. 轮廓 ⇒ 向前斜下

3. 分片 ⇒ 垂直分片，斜分片

4. 基准线与分配 ⇒ 垂直分配，斜分片垂直分配

5. 角度 ⇒ 头面角 45°

6. 手指与梳子的位置 ⇒ 线内

7. 剪发技巧 ⇒ 点剪

8. 头位 ⇒ 向下

修剪鲍勃头时，正确的分片是
非常重要的。

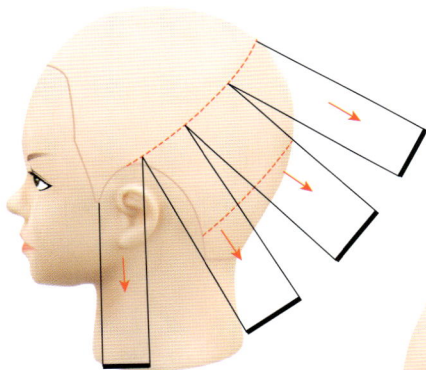

修剪头下部第一束参考发片
时，要沿着颈部的第一条设
计线修剪。

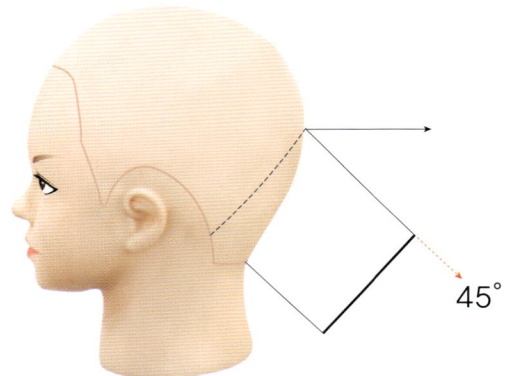

头上部第一条设计线呈 90° 进行
修剪。
原因：头上部的头型会急剧变圆。

第一条设计线会影响整体发型，所
以要注意其长度与角度。

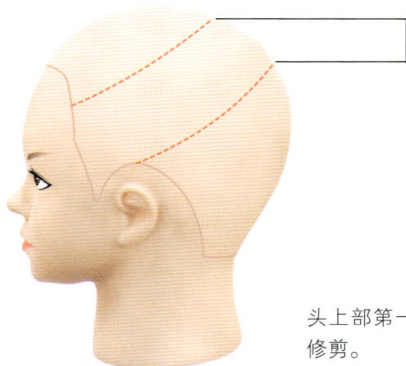

1 整体头发分成两部分。

5 分成四等分。

2 在脸际线的 S.C.P 处画点。

6 离颈部 6~7cm 处剪出设计线。

3 把耳后的头发整齐梳理后，画出点。

7 颈部重点的设计线为颈部上 3cm。

4 离颈部 4cm 处画点。
原因：修剪前部设计线时，便于以 A 线为基准进行分片。

8 保持 45° 进行修剪。

重点

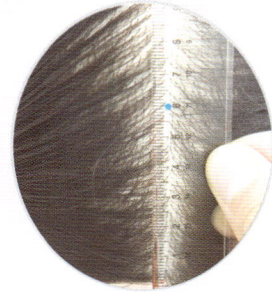

离颈部 6cm 处画点。

第二个分片为离颈部 5cm 处。

重点

耳后线的 5cm 为第二个点。
原因：如果耳后线的分片小于 5cm，则侧面头发会过长。

第二个分片分为三角形。

9 下个发片按同样方法进行修剪。

10 把最后一个发片拉成直角后，在基准线下进行修剪。

11 按照柔和线条分区。

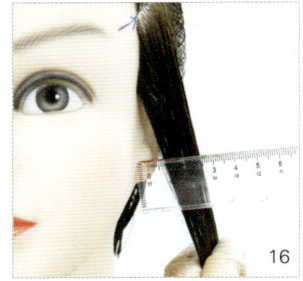

12 颈部的第一个发片用尺配合修剪。

13 确定上部分区的宽度。

14 上部分区的第一个发片为整体轴的角度，为 0°。

15 修剪上部分区时，注意S.C.P处的角度。

16 把发片拉起 1cm 后进行修剪。

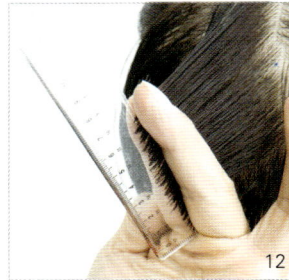

17 头顶分区的第一个发片的修剪角度为直角。

18 拉起侧面的发片进行修剪。

重点

在 E.B.P 处修剪发片时，应在基准线下进行。

原因：若把发片拉起修剪，发片会过短。

头顶部的发片宽度为 2cm。

Gr

La

5cm

5cm

5cm

注意分区内的发片的走向（修剪第一个发片时，先垂直修剪，再偏移至基准线下修剪）。

D

C

B

A

A：颈部分区
B：下部分区
C：上部分区
D：头顶分区

完成

飘逸的美丽发质和与之相结合的魅力线条展现经典都市感。

1. 分区 ⇒ 多分区

2. 轮廓 ⇒ 向前斜上

3. 分片 ⇒ 水平分片，垂直分片

4. 基准线与分配 ⇒ 垂直分配，基准线侧

5. 角度 ⇒ 头面角 0°，30°，45°，90°

6. 手指与梳子的位置 ⇒ 线内到方形线

7. 剪发技巧 ⇒ 点剪

8. 头位 ⇒ 向下

所有剪发的基础为分区，分区可以
使剪发更加便利、准确。

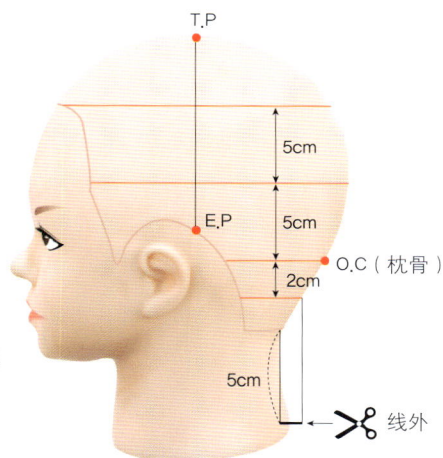

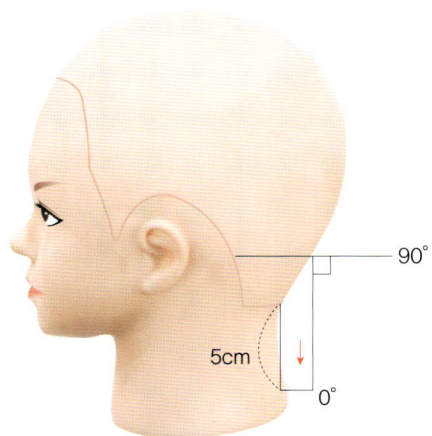

修剪第一个分区时，注意发片的长短。

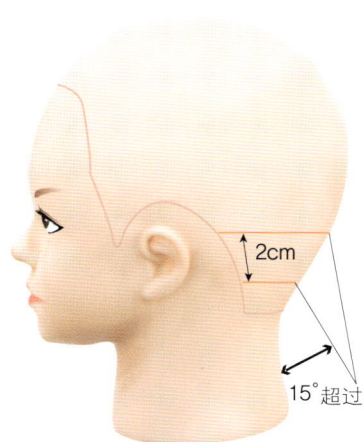

修剪第二个分区时，从颈后把发片拉
起约4cm后进行修剪。

重点

正确分区非常重要。

若用手指拉扯头发会出现误差。

重点

从颈后把发片拉起约4cm后进行修剪。

维持修剪角度为45°。

1 正确分区。

2 第一个分区的宽度为2cm。
原因：若分区过宽则不宜剪出剪切线。

3 在基准线下用梳子配合进行点剪。
原因：用手指会产生误差。

4 设定第一条设计线为5cm。

5 修剪第二个发片时，把发片拉起约4cm后进行修剪。

6 第三个分区为垂直分区；在基准线上30°角进行修剪。
原因：修剪角度为线内修剪。

7 修剪第四个分区时，要准确地在基准线上垂直抓住发片。

8 保持45°进行修剪。

9 第五个分区按 90° 进行方形线修剪。

14 保持发片垂直，在基准线上进行修剪。

10 侧面部分对照后面的第三个设计线进行向前斜上修剪。

15 前额处头发从 C.P 的 45°处进行修剪。

11 侧面第一个分区也是 30°修剪。

16 如图，前侧部分应与发片平行。

12 修剪侧面第二个分区时，发片应维持45°，在基准线上垂直修剪。**注意**：侧面的修剪角度过大会减弱鲍勃头的感觉。

17 前额头发仅修剪发角。

13 从 C.P 到 T.P 分发片的宽度为 2cm。

18 前侧部分修剪完成后的状态。

重点

分发线处 30° 提拉发片进行修剪。

从 C.P 到 T.P 分片为 2cm。

重点

前额处头发从 C.P 的 45° 处进行修剪。

前额头发仅修剪发角。

第三个分区应与基准线成 30° 角。

为了剪出颈部头发的厚重感，发片应保持 30° 进行修剪。

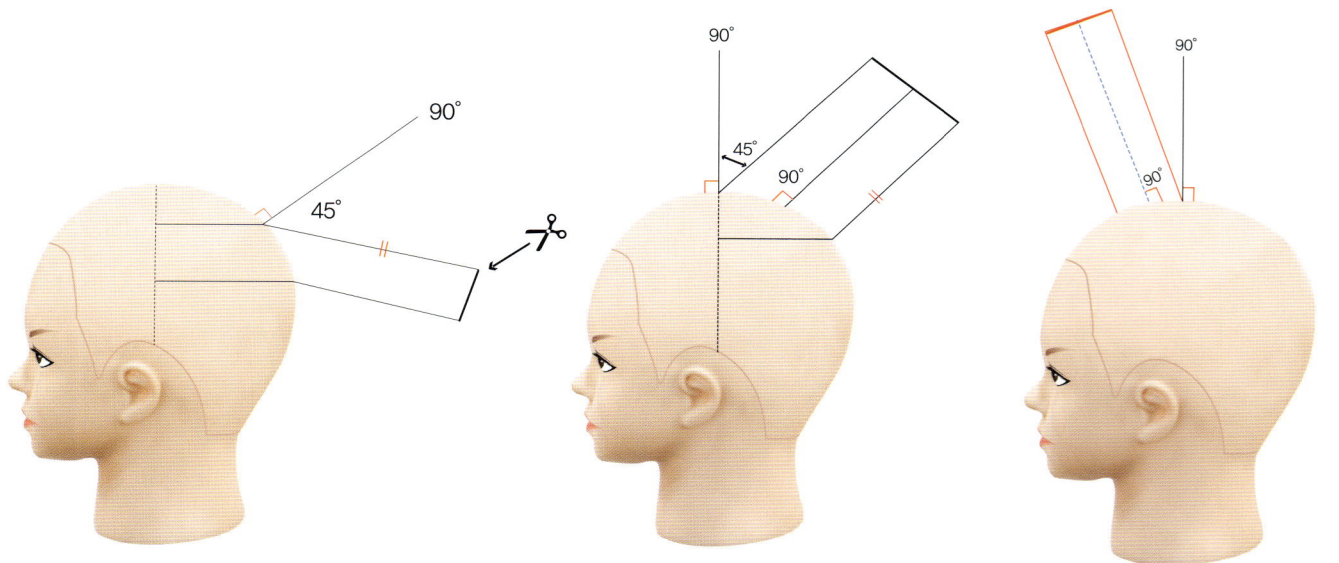

第四个分区呈 45°。

第五个分区呈 90°。

修剪头顶部时，发片应维持 90°。

完成

简洁干净的发型会给人带来清新感。
用准确的剪发技法修剪出最接近头型形态的均等层次。

1. 分区 ⇒ C.P~N.P，耳线后 2cm

2. 轮廓 ⇒ 无

3. 分片 ⇒ 垂直分片

4. 基准线与分配 ⇒ 垂直分配

5. 角度 ⇒ 头面角 90°

6. 手指与梳子的位置 ⇒ 方形线

7. 剪发技巧 ⇒ 平剪

8. 头位 ⇒ 标准位置

按照同一长度修剪。

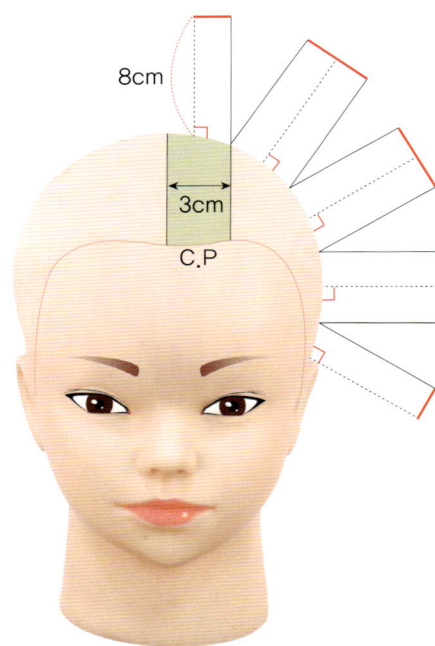

从 C.P 到 N.P 设定宽度为 3cm。

1 在 C.P 处分片，宽度为 3cm。

2 在 T.P 处呈 90° 拉起发片。

3 保持发片与水平线平行，按照方形线进行修剪（长度为 8cm）。**重点：** 第一条设计线决定整体长度，所以要谨慎操作。

4 发片宽为 5cm。

5 修剪第一个发片后，把其分成两等分。**原因：** 两等分的发片可用作下个发片的设计线。

6 修剪第二个发片时，取其宽度为 2.5cm。

7 保持发片中心与头皮成 90°。**重点：** 若中心不是 90°，则下个发片的长度会比预期的长。

8 按照方形线进行修剪。

重点

因第一条设计线影响整体发型，所以要谨慎修剪。

发片的宽度为 5cm。

重点

发片从颈部拉起 4cm 后进行修剪。

保持修剪角度为 45°。

9 第一个发片（C.P 到 N.P）修剪完成的状态。

10 耳后线处分片，宽度为2cm。

11 在 S.C.P 处选取一缕头发。

16 连接第一个分片（C.P 到 N.P）与耳后线。

12 第一个发片长度为8cm，设定 S.C.P 处的设计线为8cm。

17 修剪侧面时，发片的宽度为5cm。

重点

从颈后把发片拉起约4cm后进行修剪。

维持修剪角度为45°。

13 按照设计线进行修剪。

18 修剪侧面时，仔细确认发片长度。

14 把 C.P 处的头发与耳线处的头发进行连接。

19 检查修剪后的状态。

15 耳后线修剪完成后的状态。

20 与颈部发际线平行修剪。

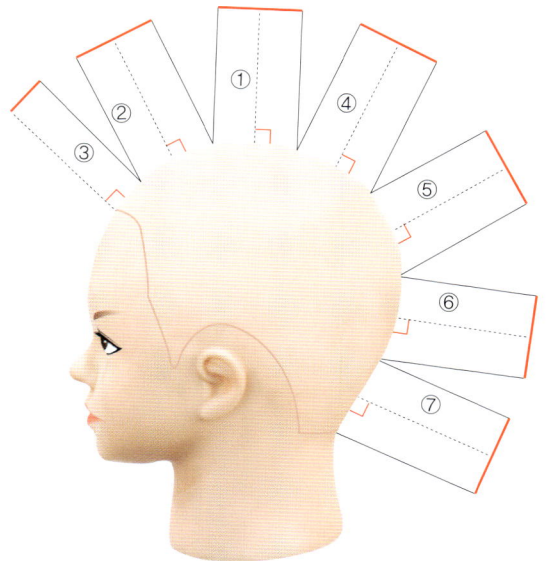

在耳后线 2cm 处分发片。

以 T.P 为基准，同一长度修剪发片。

提示

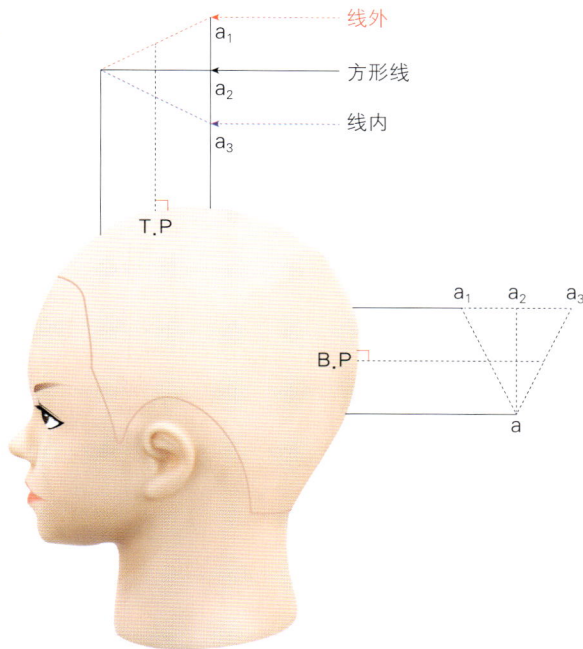

线外
a_1
方形线
a_2
线内
a_3

T.P

a_1 a_2 a_3
B.P
a

剪发专业术语

方形线修剪

字面意义：正四边形、方形物体或面。

美发中的意义：直角修剪发片。

例）B.P 为基准，分线外、方形线、线内。

a 到 a_1 越来越轻，线外；

a 到 a_2 层次变多，方形线；

a 到 a_3 越来越厚，线内。

完成

5. 不连接

中长发

Cut Process

1. 分区 ⇒ 二分区
2. 轮廓 ⇒ 等长
3. 分片 ⇒ 垂直分片，斜分片，头顶分片
4. 基准线与分配 ⇒ 垂直分配，侧垂直分配，过偏移分配
5. 角度 ⇒ 天体角 0° ，头面角 90°
6. 手指与梳子的位置 ⇒ 线外，方形线
7. 剪发技巧 ⇒ 点剪
8. 头位 ⇒ 标准位置

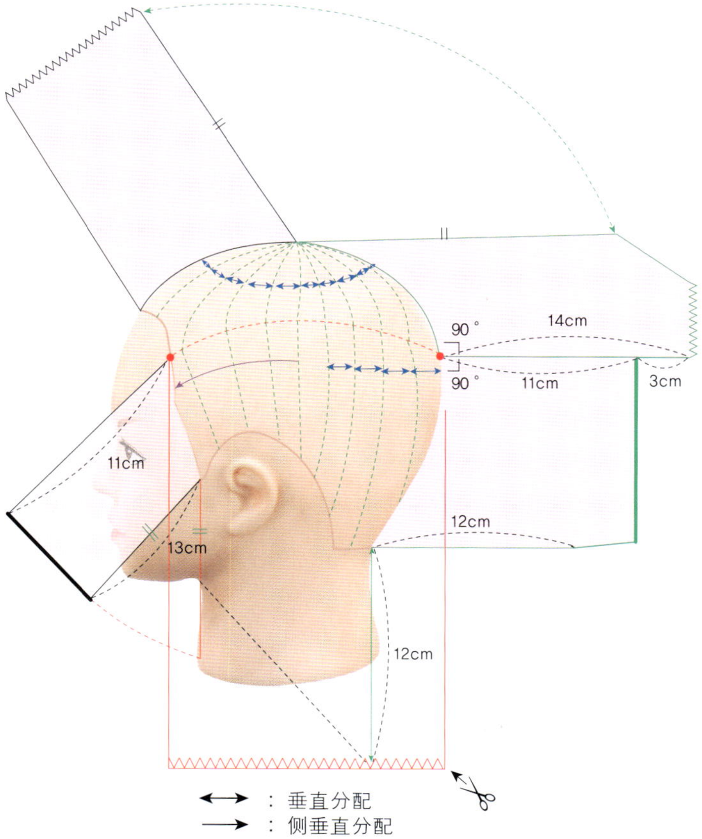

90°
14cm
90°
11cm
3cm
11cm
12cm
13cm
12cm

↔ ：垂直分配
→ ：侧垂直分配
⟶ ：偏移分配
⤻ ：过偏移分配

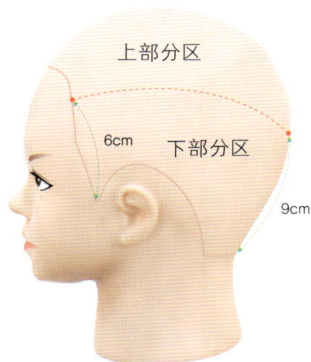

上部分区

下部分区

6cm

9cm

图1~图3

11cm

70

13cm

0°

图7~图10

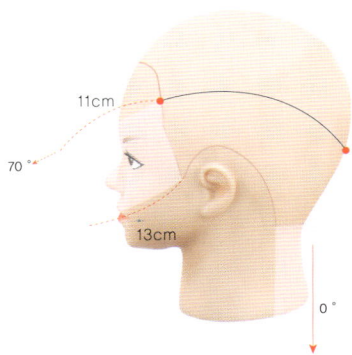

重点

自然垂落状态下修剪。

侧面发片长度为11cm。

1 以 S.C.P 上 6cm 处为基准点。

2 设定 N.P 到 B.P 长度为 9cm。

3 分成两个分区后的状态。

4 上部分区与下部分区的发量为 50：50。

5 设定第一条设计线为从 N.P 处开始 12cm 长。

6 下部分区的头发用点剪大块修剪。

7 下部分区轮廓设定完成后的状态。

8 下部分区第一个发片的下侧长度为从 S.C.P 量 13cm。

9 上侧长度设定从 F.S.P 量 11cm。

10 修剪下部分区侧面的第一个发片时，要尽量贴着脸部修剪。
原因：发片若向上拉，则会出现层次。

11 以第一个发片为基准，提拉的第二个发片宽约3cm。

12 把发片拉到E.B.P处进行修剪。

13 侧面头发修剪完成后的状态。

14 后部分区的第一个发片按照垂直分配法在基准线上进行修剪。

15 第二个发片按照侧垂直分配法进行修剪。

16 第三个发片偏移到下一基准线处进行修剪。

17 后分区修剪完成的状态。

18 从后部到E.P，头发逐渐变长。

19 下部分区轮廓修剪完成的状态。

11cm

12cm

剪

图14、图15

重点

第三个发片偏移到下一基准线处进行修剪。

从后部到E.P处，头发逐渐变长。

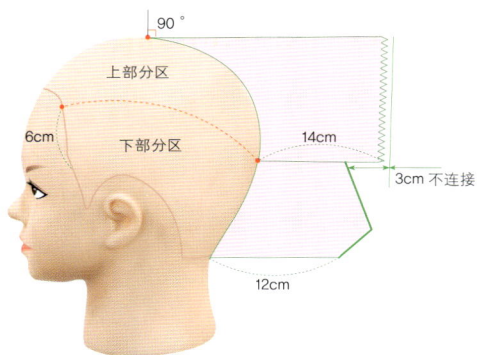

90°

上部分区

6cm

下部分区

14cm

3cm 不连接

12cm

图 21~ 图 23

下部分区

B.P

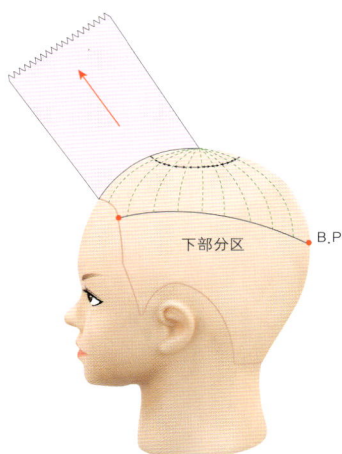

在基准线上垂直修剪 图 24

重点

比下部分区多出 3cm，利用不连接技法进行修剪。

修剪上部分区时，顶部角度为 90°。

20 修剪上部分区时，按照设计线正确分片。

21 下部分区的发长为 14cm。

22 比下部分区多出 3cm，利用不连接技法进行修剪。

23 修剪上部分区时，顶部角度为 90°。

24 修剪上部分区第二个发片时，拉起后进行修剪。**原因：** 因为头型为圆形，逐渐抬起修剪可打造出自然造型。

25 上部分区轮廓修剪完成的状态。

26 在前额发线际处，上部分区与下部分区形成自然的不连接效果。

27 上部分区的剪切线。

剪发不仅仅为设计，也是充分发挥自己的美感，打造更美、更健康的发型，而它的表现形式就是所谓的流行趋势。这里使用的是利用质感处理，在轻盈而适当的纹理内，打造出印象深刻的轮廓的剪发技法。

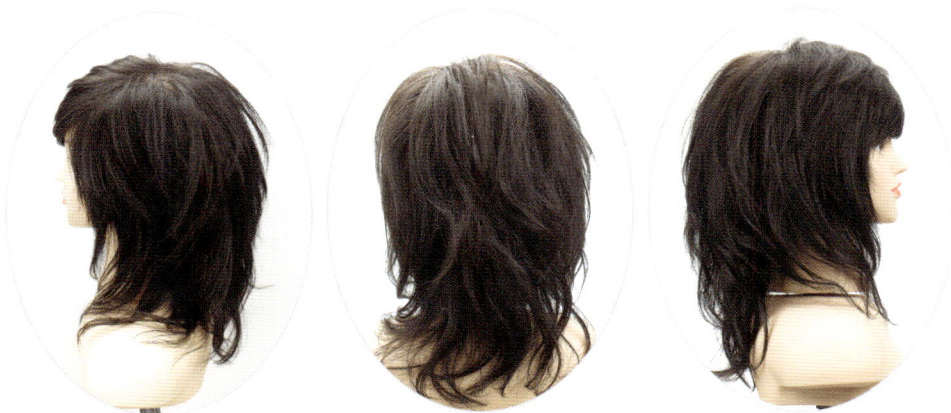

1. 分区 ⇒ 耳到耳分区

2. 轮廓 ⇒ 等长

3. 分片 ⇒ 顶点

4. 基准线与分配 ⇒ 垂直分配

5. 角度 ⇒ 天体角 0°；头面角 0°，90°

6. 手指与梳子的位置 ⇒ 线外，方形线

7. 剪发技巧 ⇒ 滑剪，点剪

8. 头位 ⇒ 标准位置

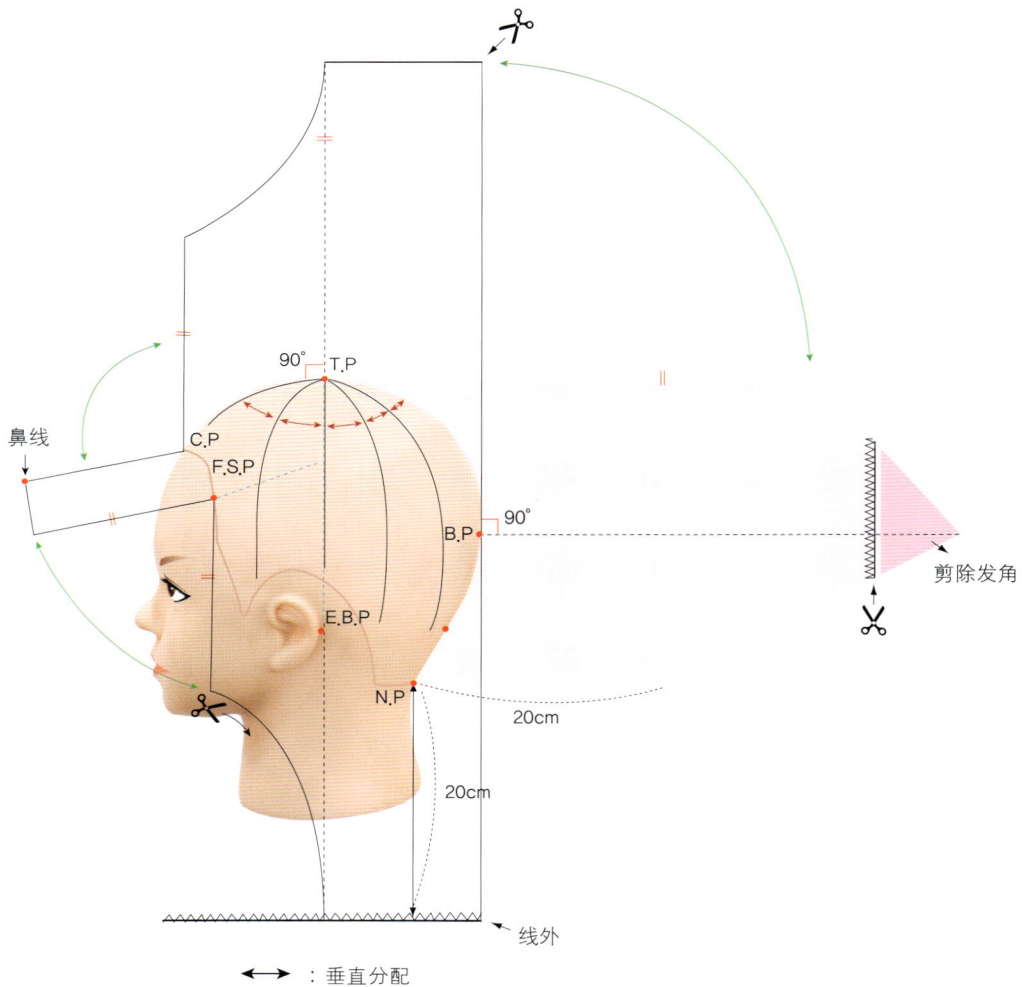

鼻线

90°　T.P

C.P

F.S.P

90°

B.P

E.B.P

N.P

20cm

20cm

剪除发角

线外

⟷ ：垂直分配

1 修剪前。

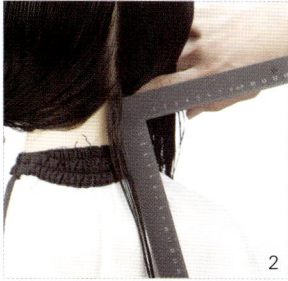

2 从颈点开始设定长度为 20cm。

3 按照内侧的设计线，用点剪法进行修剪。

4 修剪刘海时，从 F.S.P 处 90° 提拉发片进行修剪。
原因：小于 90°，整体轮廓厚重；大于 90°，整体轮廓过轻。

5 沿着鼻线，点剪修剪。注意：修剪刘海时，不用平剪而用点剪会使发线柔和。

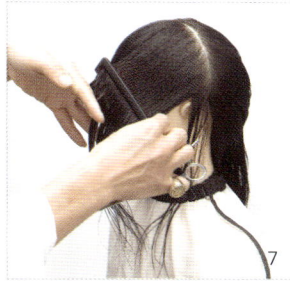

6 刘海修剪完成。重点：以脸部中央为中心，形成一定弧度。

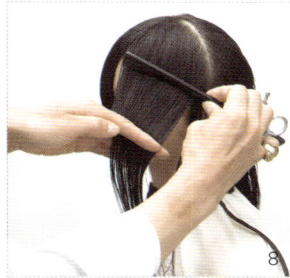

7 错误：梳理侧面。

8 正确：C 字形梳理侧面。

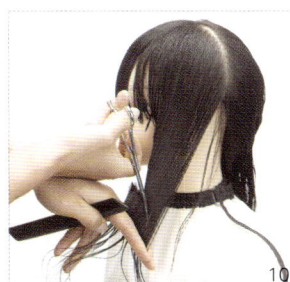

9 利用滑剪连接 S.C.P 与 E.B.P。注意：头发要自然垂落后进行修剪。

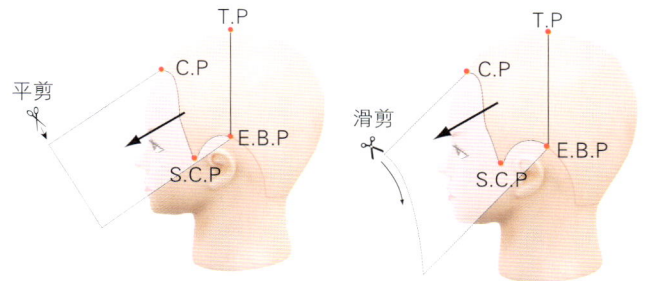

10 切勿变化发片角度。

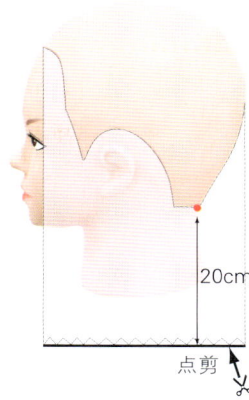

图 2、图 3

图 9~ 图 13

重点

确认两侧 F.S.P 的位置。

从 T.P 处 90° 拉起发片进行修剪。

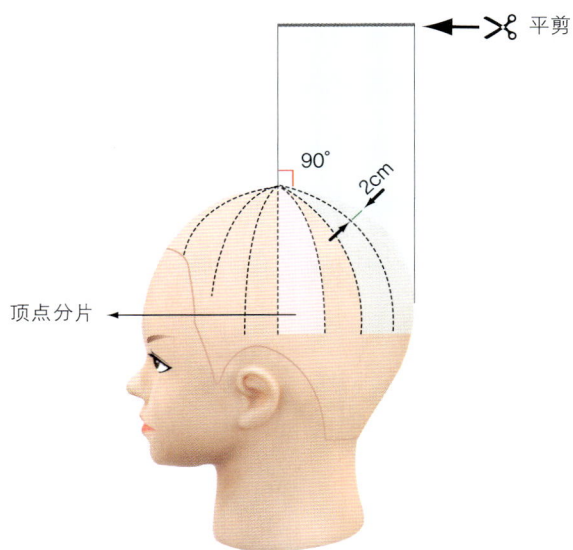

平剪

90°

2cm

顶点分片

图 17~ 图 19

重点

修剪后侧发片时，要 90° 提拉发片。

为了打造头顶的蓬松感，干发后利用塑型剪法进行修剪。

11 侧面修剪完成的状态。

12 另一侧按照同样方式进行修剪。

13 维持角度修剪至发梢。

14 修剪完成的状态。

15 设定上部分区的 T.P 处的设计线时，要 90° 提拉发片进行修剪。

16 修剪 T.P 处第二个发片时，进行头顶分片。原因：因为上部分区的头型为圆形。

17 基本修剪完成的状态。

18 为了后部头发厚重自然，从 B.P 处把发片拉成 90° 后进行修剪。

19 发角修剪完成的状态。

20 修剪完成后的状态（正面）。

21 修剪完成后的状态（侧面）。

26 刘海用滑剪法进行修剪。

22 吹干头发后，从侧面开始进行质感处理。

27 使用拉剪技术，去除内侧发量。

23 处理质感时，分片为向后斜分片。

28 修剪完成后的状态。

24 修剪头顶部分时，为了打造蓬松感，利用低层次法处理质感。

25 修剪发梢时，把发梢打开成扇子形。原因：拉拢头发后进行修剪时，可去除剪印。

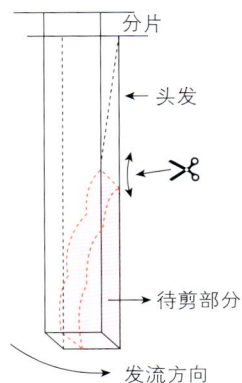

图 25、图 26

图 27

完成

这是沙龙剪发中满足顾客需要的最美的剪发技法。造型师的义务是利用多样的设计与华丽的技术创造出前卫的发型。这里是利用适当的轻盈感与纹理打造出美丽的发型。

1. 分区 ⇒ 圆形分区

2. 轮廓 ⇒ 向前斜上

3. 分片 ⇒ 斜分片，头顶分片

4. 基准线与分配 ⇒ 垂直分配

5. 角度 ⇒ 头面角 0°，90°

6. 手指与梳子的位置 ⇒ 方形线

7. 剪发技巧 ⇒ 点剪，平剪

8. 头位 ⇒ 标准位置

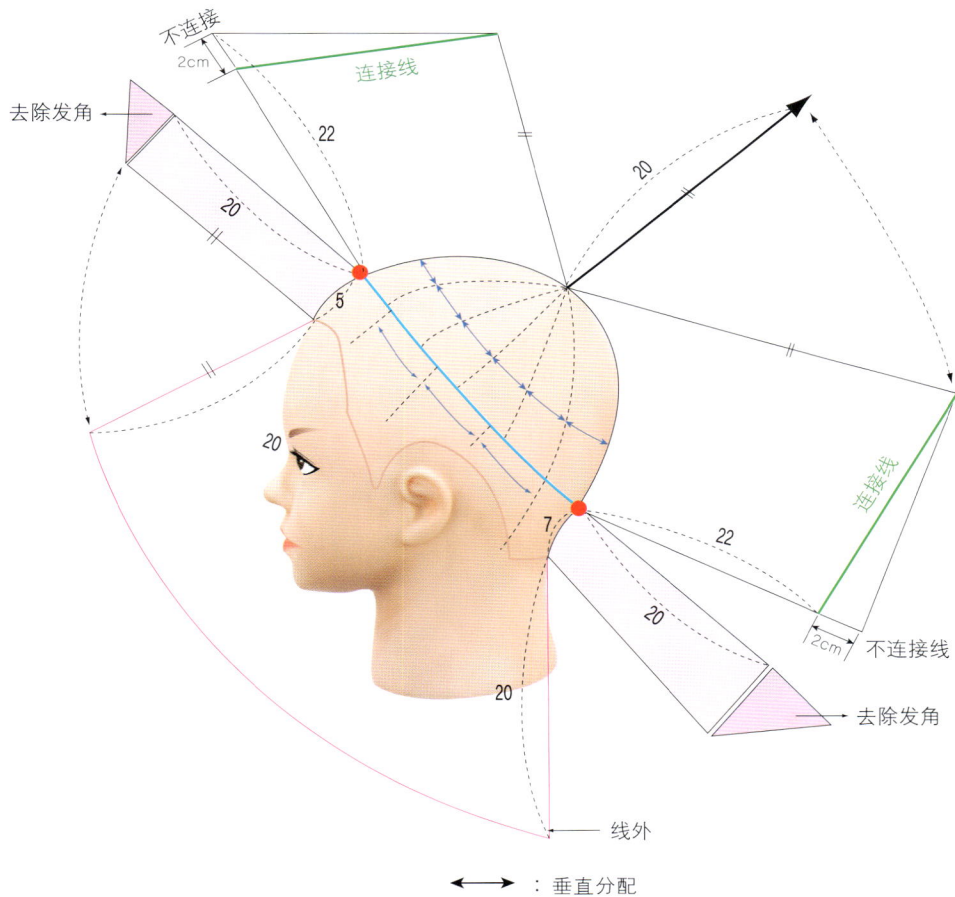

不连接
2cm
连接线
22
去除发角
20
20
8
连接线
20
22
20
线外
不连接线
2cm
去除发角

←→ ：垂直分配

1 剪发前。

2 从 C.P 向上 5cm 处画点。

3 离 N.P 7cm 处分区。

8 确认第一条设计线的长度。

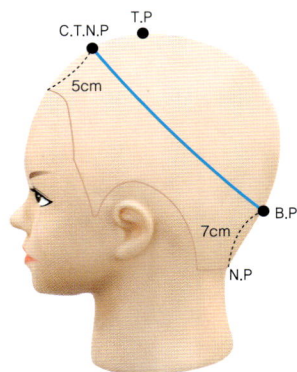

图 2~ 图 4 确定正确长度

4 进行圆形分区。

9 保持角度，用点剪法进行修剪。

修剪下部分区时，梳理角度非常重要
图 5~ 图 11

5 设定 C.P 处发片长度为 20cm。

10 修剪侧面时，保持发片角度为 90°。原因：侧面梳理的角度不同会改变整体发型长度。

重点

从 N.P 开始设定发片长度为 20cm。

6 设定 N.P 处发片长度为 20cm。

11 梳理下一个发片成 90°。

7 若从 C.P 处修剪，则保持发片角度为 0°。

12 修剪 E.P 处时注意角度（90°）。

13 修剪 B.P 时要注意角度。

18 设定 B.P 处发片长度为 20cm。

23 修剪上部分区的第一个发片时，设定 C.P 到 B.P 的宽度为 2cm。

24 设定 T.G.M.P 处的设计线为 20cm。

14 侧面基础修剪完成。**重点**：轮廓线与分片线平行。

19 拉起发片成 90° 后去除发角。

15 另一侧用同样的方法进行修剪。

20 修剪侧分区时，使用斜分片法。

16 基础修剪完成（轮廓完成）。

21 修剪侧面头发时，拉起发片成 90° 后进行修剪。

17 设定 C.P 处发片长度为 20cm。

22 下部分区修剪完成（比基础剪发轻盈）。

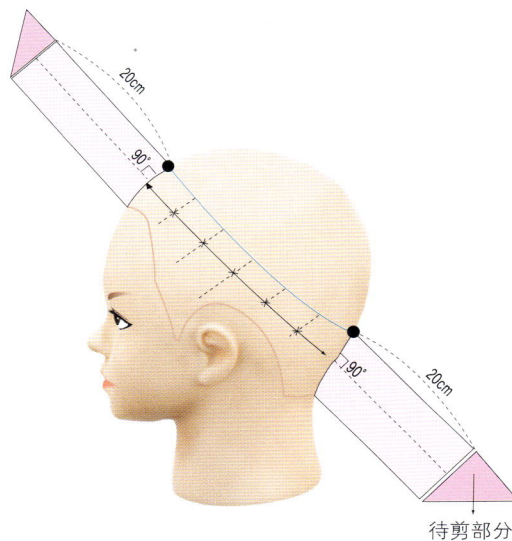

待剪部分

修剪下部分区时，保持好长度与角度。
图 17~ 图 19

重点

修剪上部分区的第一个发片时，设定 C.P 到 B.P 的宽度为 2cm。

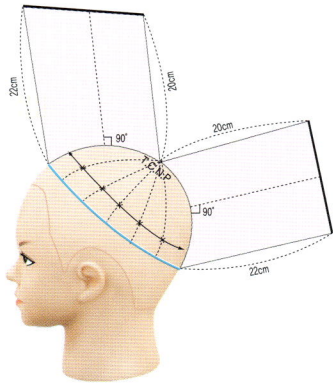

正确修剪外分区的长度。
图 24~ 图 29

重点

连接 T.G.M.P 处与 B.P 处的设计线。

完成

25 设定上部分区 B.P 处的设计线为 22cm。

26 设定 C.P 处设计线为 22cm。

27 连接 T.G.M.P 处与 B.P 处的设计线。

28 设定 C.P 处设计线为 22cm。

29 用与 C.P 处相同的方法进行修剪。

30 分片使用头顶分片法。

31 基础修剪完成。

32 利用滑剪技法处理量感与质感。

美是创新的艺术，利用不同发型改变自己的风格也是不错的选择。沙龙剪发的基础是为顾客打造最适合他们的发型，并为顾客开启新的世界。

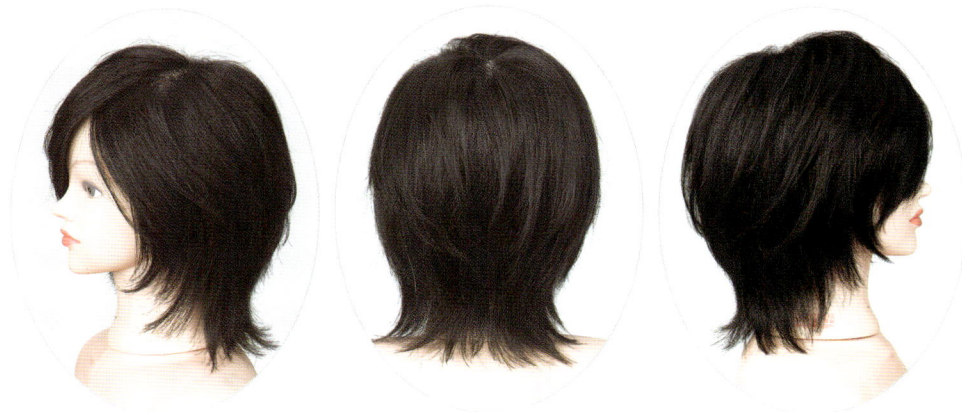

1. 分区 ⇒ 圆形分区

2. 轮廓 ⇒ 向前斜上

3. 分片 ⇒ 斜分片，头顶分片

4. 基准线与分配 ⇒ 垂直分配，侧垂直分配，偏移分配

5. 角度 ⇒ 头面角 0°，90°

6. 手指与梳子的位置 ⇒ 方形线

7. 剪发技巧 ⇒ 点剪，平剪

8. 头位 ⇒ 标准位置

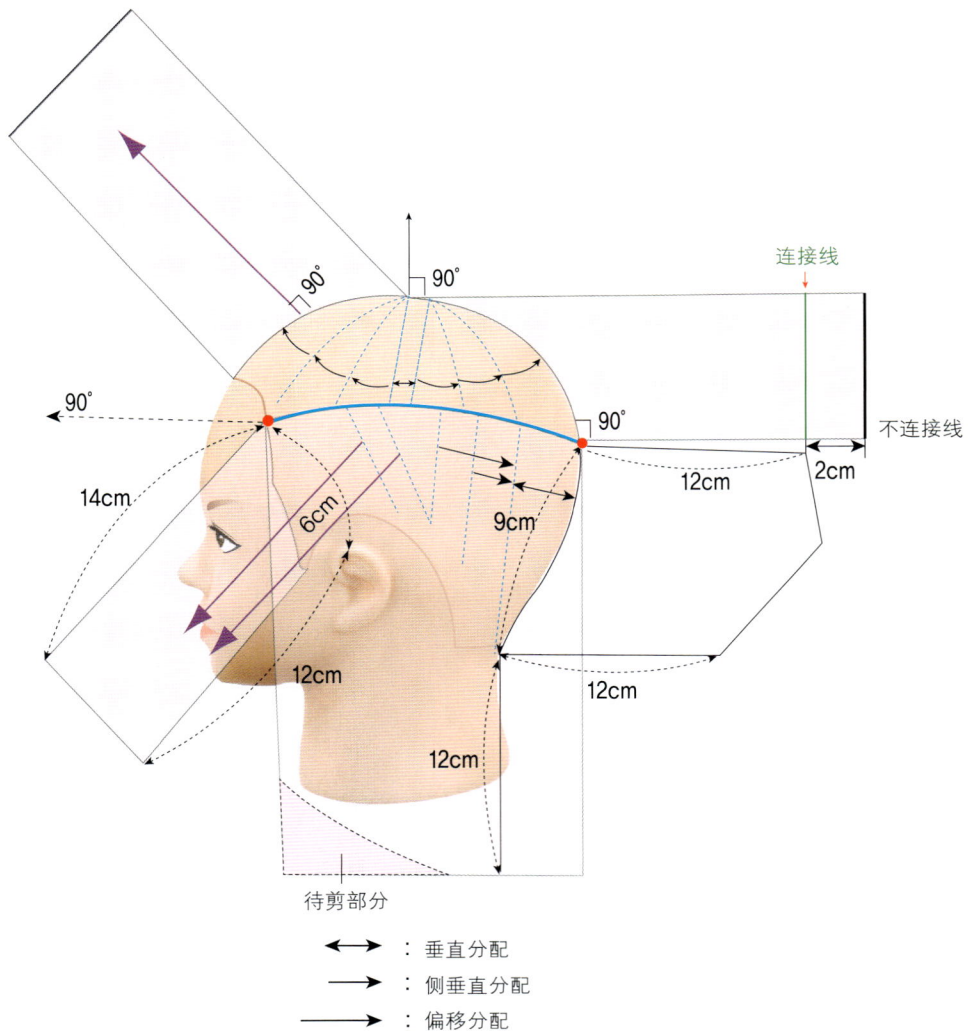

待剪部分

←——→ ：垂直分配

—→ ：侧垂直分配

——→ ：偏移分配

1 剪发前。

2 设定 N.P 到 B.P 的长度为 9cm。原因：二分区时，最有效的比例为 50：50。

3 设定 S.C.P 到 F.S.P 的长度为 6cm。

4 设定 N.P 处发片的长度为 12cm。

5 用点剪法修剪轮廓线。

6 轮廓线修剪完成。重点：梳理后，侧面头发会显得略长一些。

7 脸际线在下部分区的分片较窄。重点：斜分片。

8 设定第一个发片的设计线（14cm）。

9 按照图片修剪（12cm）。原因：打造侧面头发的厚重感。

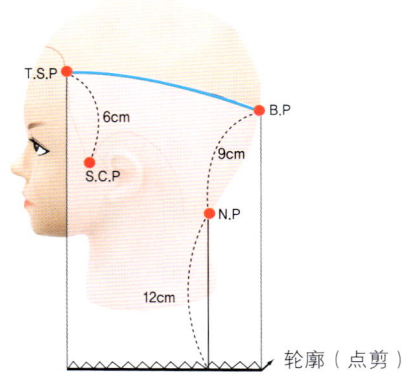

10 保持修剪角度为 45°。

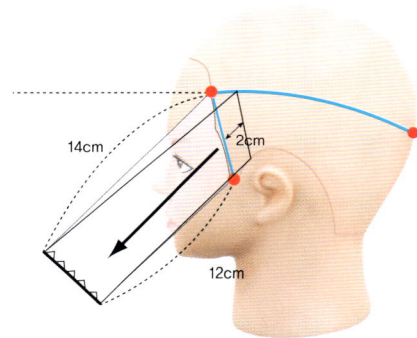

11 另一侧按照相同的方法进行修剪。

12 修剪位置为手指贴近下巴处。

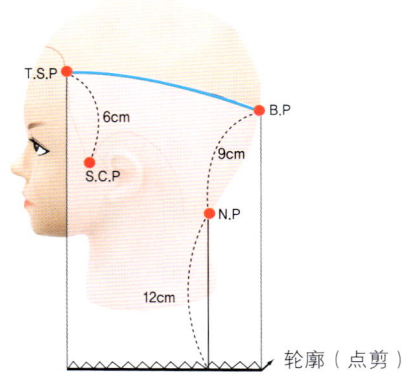

T.S.P
6cm
S.C.P
B.P
9cm
N.P
12cm
轮廓（点剪）

图 2～图 6

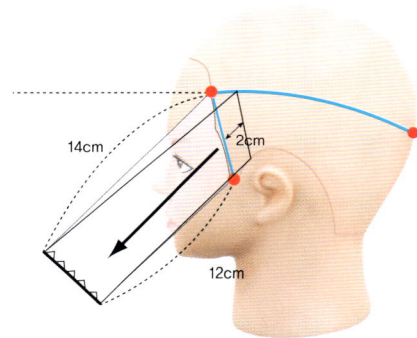

14cm
2cm
12cm

图 7～图 10

重点

梳理后，侧面头发会显得略长一些。

13 侧面修剪完成。

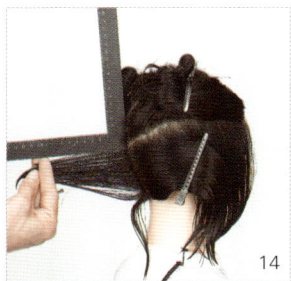

14 修剪后部分区的第一个发片时,在基准线上进行垂直修剪;分片为斜分片。与后点保持90°,设定发片长度为12cm。

15 下部分区第一个发片修剪完成。

20 修剪长度比下部分区长2cm。

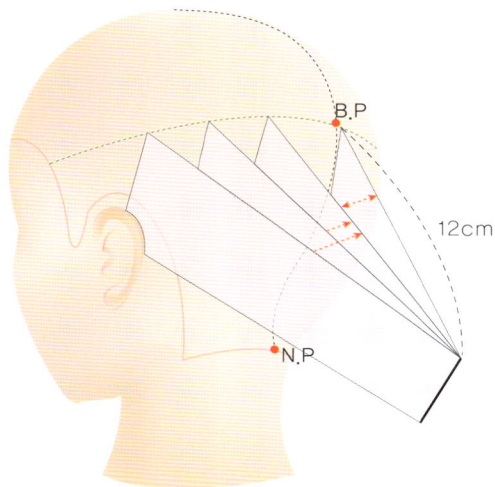

图14~图16

B.P

12cm

N.P

16 修剪下部分区的第二个发片时,使用侧垂直分配法进行修剪。

21 上部分区的其他分片要分成锐角三角形。

17 拉到后部进行修剪。原因:保持耳点与耳后线处头发的长度,从而打造厚重感。

22 第二个分片使用侧垂直分配法进行修剪。

重点

修剪长度比下部分区长2cm。

18 上部分区分片时,T.P到E.P处斜向分区。

23 头发从后到前,越来越长。

19 上部分区的角度为B.P处是90°,T.P处是0°。

24 从耳点到中心点分成锐角三角形。

25 保持 E.P 到 C.P 处所有发片与 T.P 处成 45°。

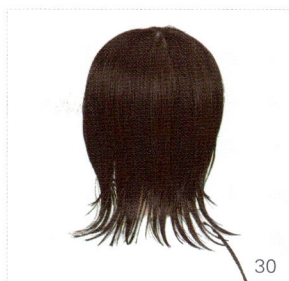

30 分区修剪完成。

26 修剪上部分区的前额发片时，要拉起后进行修剪。

31 用造型刷吹干头发后，整理脸部轮廓。**原因：** 头发在湿的状态下，很难辨出其发量与方向。

27 上部分区修剪完成。

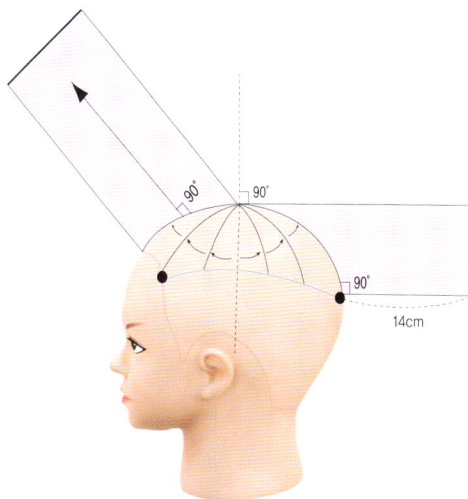

图 19~ 图 28

完成

9. 中长发

低层次 + 低层次

找到适合自己的发型不是一件容易的事情。展现热情细致的沙龙剪发技巧的精髓是观察顾客的整体形象与头型，然后找出最适合他们的发型，并使发型师的水平得到提升。

Cut Process

1. 分区 ⇒ 二分区

2. 轮廓 ⇒ 等长

3. 分片 ⇒ 垂直分片，头顶分片

4. 基准线与分配 ⇒ 垂直分配～过偏移分配

5. 角度 ⇒ 天体角 0°；头面角 0°，45°，90°

6. 手指与梳子的位置 ⇒ 方形线

7. 剪发技巧 ⇒ 点剪

8. 头位 ⇒ 标准位置

去除发角

去除发角

断层

F.S.P

B.P　90°

2cm 不连接

14cm

12cm

9cm

14cm

12cm

去除发角

去除发角

⟷ ：垂直分配

⟶ ：侧垂直分配

⟶ ：偏移分配

⟶ ：过偏移分配

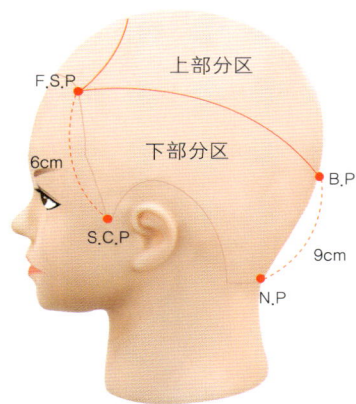

1 剪发前。

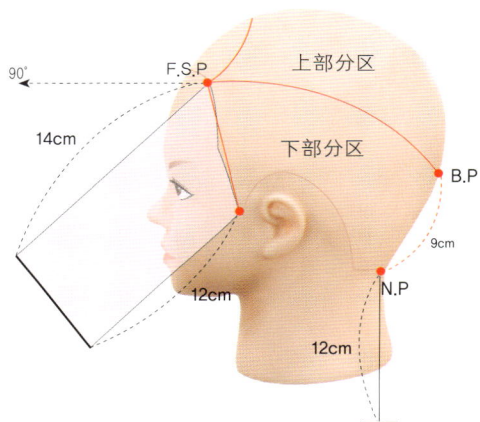

2 从 S.C.P 到 B.P 划分成二分区。

3 后部的分区点为 N.P 到 B.P 的9cm处。原因：所有发型都有其黄金分割点。发型设计中的黄金比例为上部分区与下部分区成 50：50。

4 设定前额分区的左右比例。

5 设定 N.P 处发片长度为12cm。原因：最理想的中长发长度，即在 N.P 处的发长为12cm。

6 利用点剪法修剪轮廓线。

7 轮廓线修剪完成。注意：修剪侧面头发时，要拉到后面进行修剪。

8 设定下部分区侧面的第一个发片长度为14cm。重点：修剪侧面头发时，利用斜分片法，则可修剪出柔和的发线。

9 设定 S.C.P 与 F.S.P 的设计线后，连接此两条设计线。

10 注意修剪第二个发片时，应与第一个发片位置为基准。

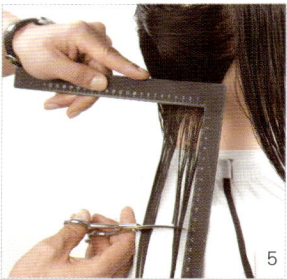

11 侧面修剪完成。

图 2、图 3

图 5~ 图 7

重点

设定下部分区的第一个发片长度为14cm。
重点：修剪侧面头发时，利用斜分区，则修剪出柔和的发线。

12 两侧修剪完成。

17 修剪下部分区完成后，越向外侧头发越长。

13 设定后分区的第一个发片设计线长度为 14cm。

18 修剪上部分区时，从 T.P 到 E.B.P 划分出耳到耳分区。

14 在基准线上垂直修剪第一个发片。

19 保持后部发片为 90°。

15 后部修剪角度为 45°。原因：为了剪出低层次感觉。

20 2cm 的断层。

16 在第一个发片位置处修剪 E.P 的头发。原因：为了在肩部剪出厚重感并包住颈线。

21 修剪出上部分区头发比下部分区头发长出2cm的断层。

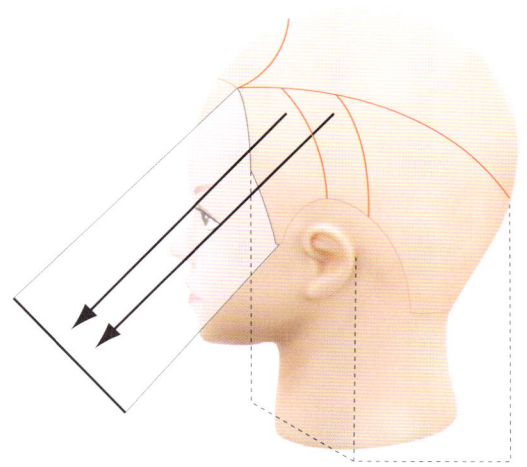

图 8～ 图 10

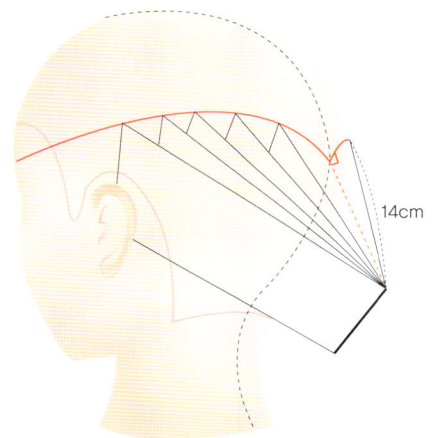

图 13～ 图 16

重点

比下部分区的发长长出 2cm。

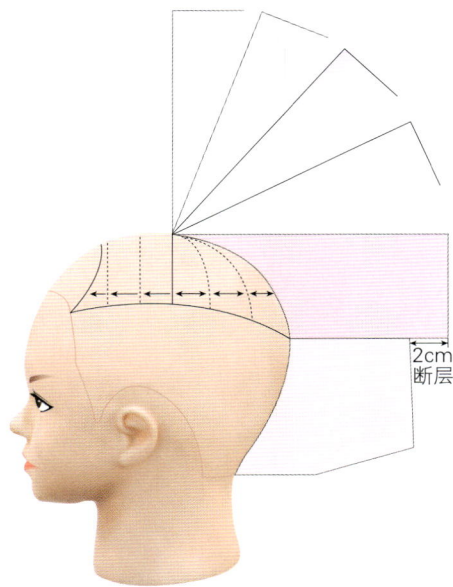

图 23~ 图 25

2cm
断层

完成

22 上部分区使用头顶分区。

23 越向前，修剪角度越高。

24 上部分区的侧面采用垂直分片法。

25 修剪上部分区的第二个发片时，将其拉到前方修剪。

26 90° 拉起 T.P 处头发进行检查。

27 前额分区的设计线为鼻线。

28 发片提拉 45° 后去除发角。

29 吹干头发后，整理其量感与质感。

30 运用打造、整理量感与律动感的技巧进行操作。

10. 中长发

真正的发型师会为顾客打造最适合他们的发型。特别针对办公室女性来讲，要为她们打造出强调端庄、高雅的发型时，剪出厚重感的轮廓与自然的卷发是最适合不过的了。

1. 分区 ⇒ 多分区

2. 轮廓 ⇒ 向前斜上

3. 分片 ⇒ 垂直分片，头顶分片

4. 基准线与分配 ⇒ 垂直分配，侧垂直分配

5. 角度 ⇒ 头面角 0°，20°，45°，90°

6. 手指与梳子的位置 ⇒ 方形线，线内

7. 剪发技巧 ⇒ 平剪

8. 头位 ⇒ 标准位置

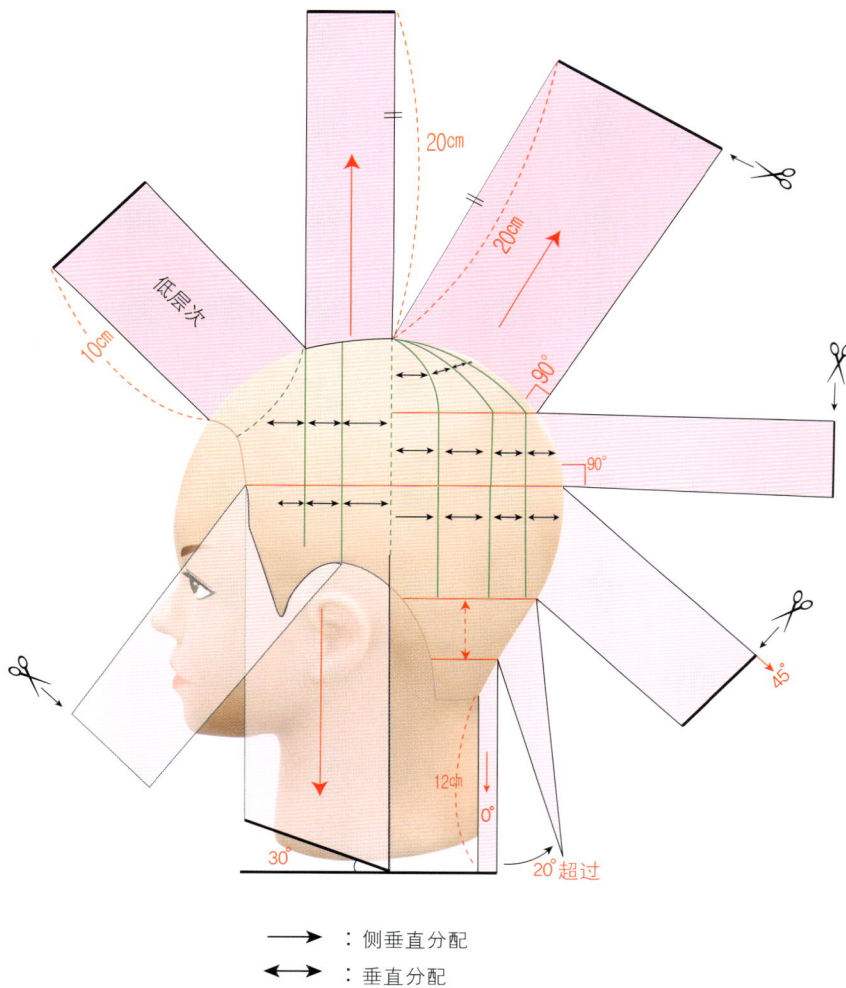

⟶ ：侧垂直分配

⟷ ：垂直分配

1 剪发前。

2 后部第一分区要水平分片。

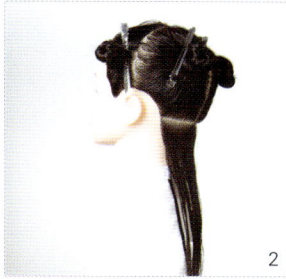

3 设定第一个分区宽度为距颈部发际线上 3cm。

4 从距颈部发际线 12cm 处设定设计线。

5 第二个分区宽度为 3cm。

6 修剪第二个分区的发片时，拉起 20° 后进行修剪。原因：为了剪出向下的低层次。

7 第二个分区修剪完成。

8 第三个分区宽为 4~5cm。

9 修剪角度为 45°。

10 为了剪出低层次，要从内向外进行修剪。

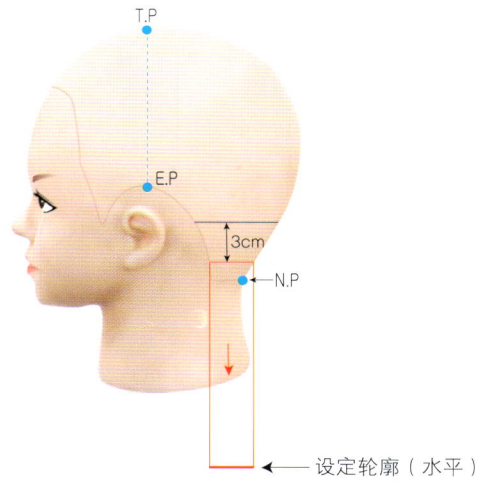

设定轮廓（水平）

图 2~ 图 4

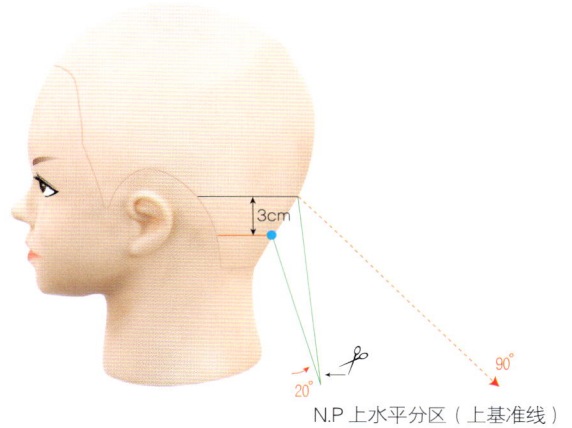

N.P 上水平分区（上基准线）

图 5、图 6

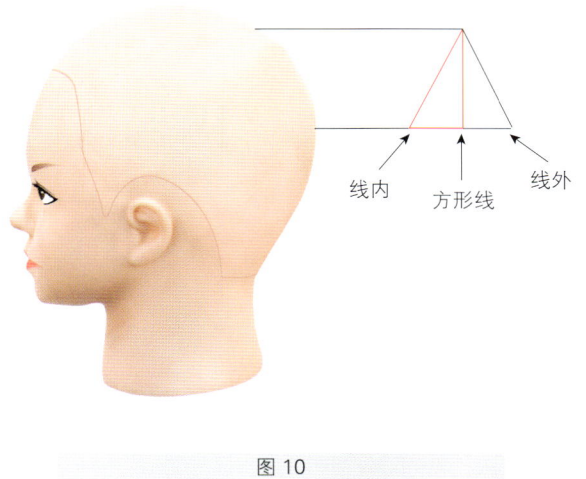

线内　方形线　线外

图 10

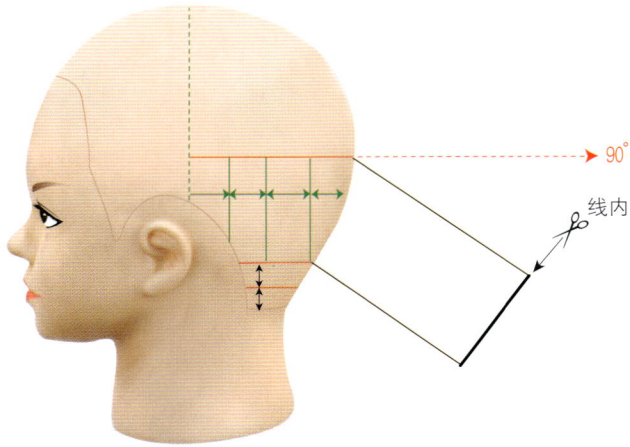

图 7~ 图 11

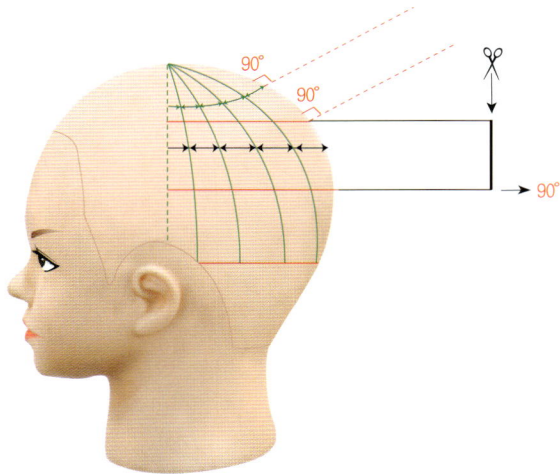

图 12~ 图 18

11 为了保持耳后头发，利用侧垂直分配法进行修剪。

16 第四个发片修剪完成。

12 第三个分区完成。

17 第五个分区宽度为距 T.P 处 2cm。

13 第四个分区宽度为 4~5cm。

18 保持发片角度为 90°。

14 修剪角度为 60°。

19 第五个分区修剪完成。

15 方形线修剪。

20 修剪侧面时，从后部的第三个分区开始分片。

21 沿着平行线修剪。侧面的轮廓为向前斜上。

22 修剪侧面第二个发片时，先垂直分片，然后保持60°进行修剪。

23 修剪完成。

24 C.P 到 N.P 间的宽度为2cm。

25 设定 T.P 处发片长为20cm，保持修剪角度为90°。

26 T.P 处头发按照方形线进行修剪。

27 保持发片与头部的角度为90°，然后修剪发角。

28 设定 C.P 处发片长度为10cm。

29 侧面修剪完成。

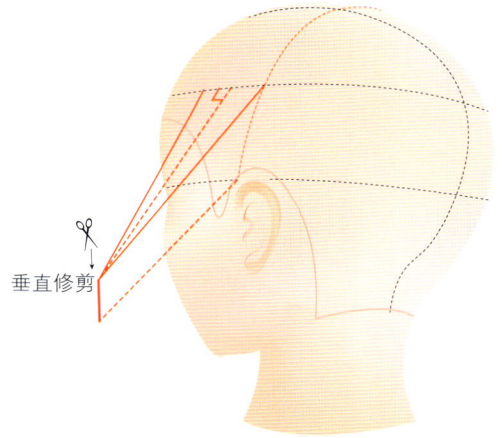

垂直修剪

图21、图22

完成

对于办公室女性来说，她们也需要展示给人一种精明、干练的形象。而这款头部上方呈现出重量感的发型就非常适合她们。此时，发型师就要根据客人的特点，修剪出最适合她们脸形的低层次发型。

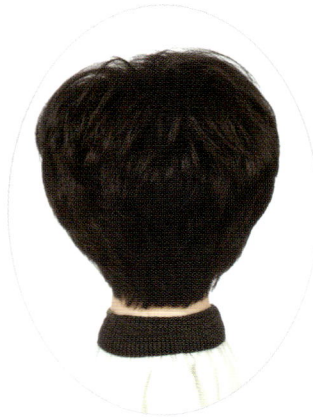

1. 分区 ⇒ 圆形分区

2. 轮廓 ⇒ 无

3. 分片 ⇒ 斜分片

4. 基准线与分配 ⇒ 垂直分配，侧垂直分配

5. 角度 ⇒ 头面角 45°，90°

6. 手指与梳子的位置 ⇒ 线内，方形线

7. 剪发技巧 ⇒ 点剪

8. 头位 ⇒ 标准位置

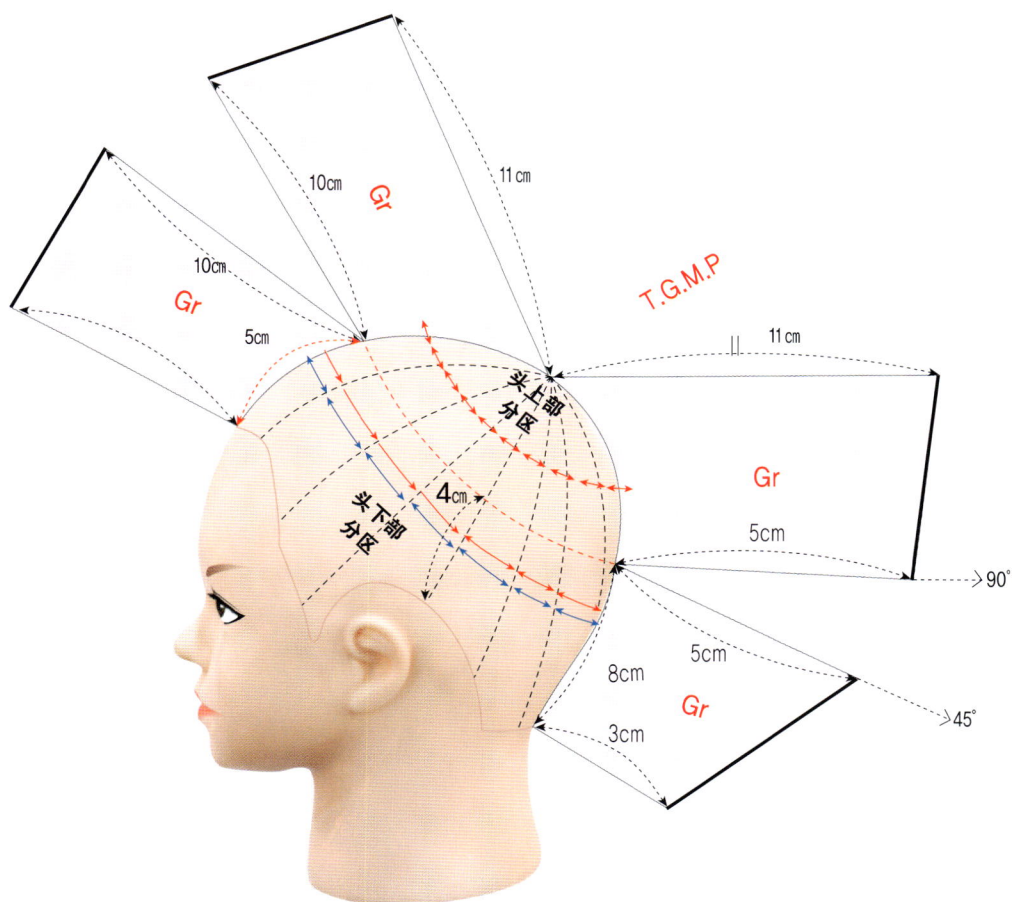

10cm

11 cm

Gr

10cm

T.G.M.P

Gr

5cm

11 cm

头上部
分区

Gr

头下部
分区

5cm

4cm

90°

5cm

8cm

5cm

Gr

3cm

45°

⟶ ： 侧垂直分配

⟷ ： 垂直分配

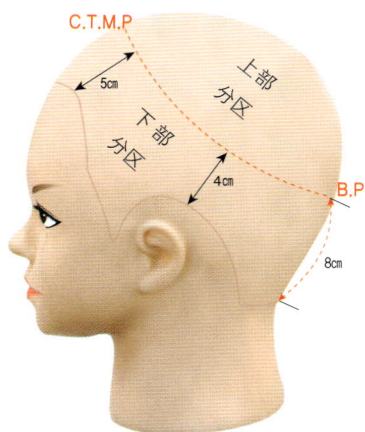

图 1~ 图 4

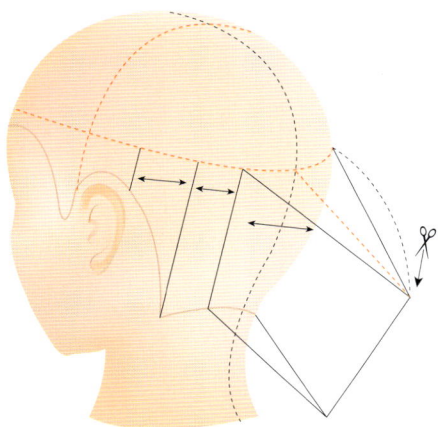

图 5~ 图 8

重点

第一个发片的修剪角度为 45°。

1 剪发前。

5 第一个发片的修剪角度为 45°。

2 以头部中线分区后，设定距 C.P 5cm 远的点。

6 垂直分片后使用点剪技法进行修剪。

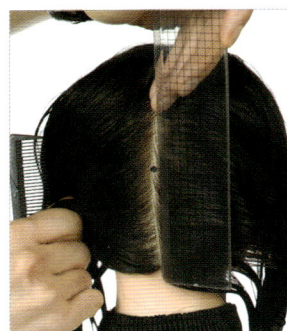

3 N.P 到 B.P 处发片长度为 8cm。

7 第一个发片修剪完成。

4 从 E.P 处开始的分区宽度为 4~5cm。

8 下一个发片按照同样方式进行修剪。

9 离 E.P 越近，发片越呈长方形。

14 刘海上部分区的一侧修剪完成。

10 侧面分片完成。

15 另一侧按照相同方法进行修剪。

11 S.C.P 处发片修剪完成。

16 修剪出 E.P 部分的高层次。

12 S.C.P 处修剪完成（与耳后线形状相同）。

17 利用高层次技法修剪 S.C.P 处。原因：为了使这一侧的设计线比另一侧长。

13 从 S.C.P 到 C.P 使用侧垂直分配法进行修剪。

18 利用高层次技法修剪下一个发片。

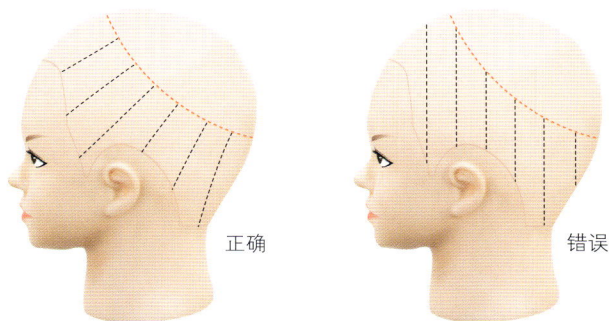

正确　　　错误

图 9、图 10

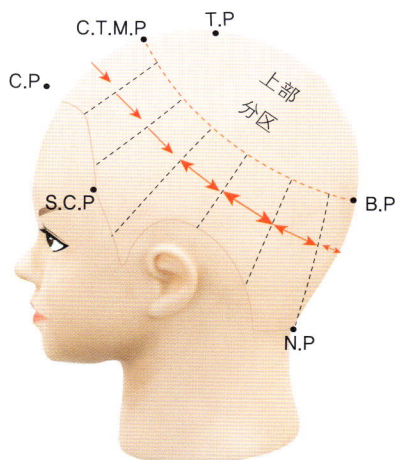

图 13、图 14

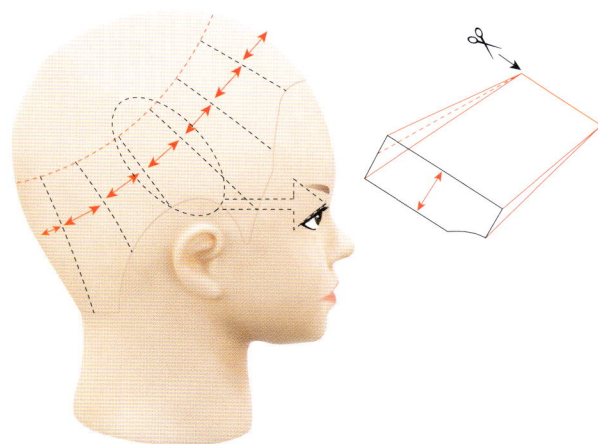

图 17、图 18

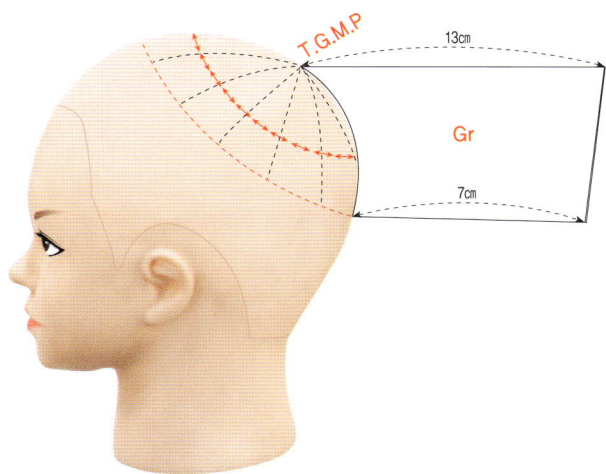

图 24、图 25

完成

19 检查下部分区发片时，要保持发片垂直提拉。

24 上部分区分片为头顶分片。

20 下部分区修剪完成。

25 检查 T.P 处发片时，保持 90° 提拉发片。

21 修剪上部分区时，设定发片宽度为 2cm。

26 利用点剪法进行修剪。

22 T.P 处发片的修剪角度为 90°。

27 设定 T.P 处发片长度为 9cm，去除发角，打造厚重感。

23 设定 T.P 处发片长度为 11cm。

不管头发剪得多么精致，发型多么美丽，如果不适合顾客，那么都会被视为失败。发型师真正的实力要体现在可以根据不同顾客的不同脸形与形象，来为他们打造出最适合的发型。此款发型自然简洁，却不失高雅、大方。

Cut Process

1. 分区 ⇒ 圆形分区（不连接）

2. 轮廓 ⇒ 无

3. 分片 ⇒ 垂直分片，水平分片

4. 基准线与分配 ⇒ 垂直分配（前面→斜分片垂直分配）

5. 角度 ⇒ 头面角 45°，90°

6. 手指与梳子的位置 ⇒ 方形线

7. 剪发技巧 ⇒ 平剪，点剪

8. 头位 ⇒ 标准位置

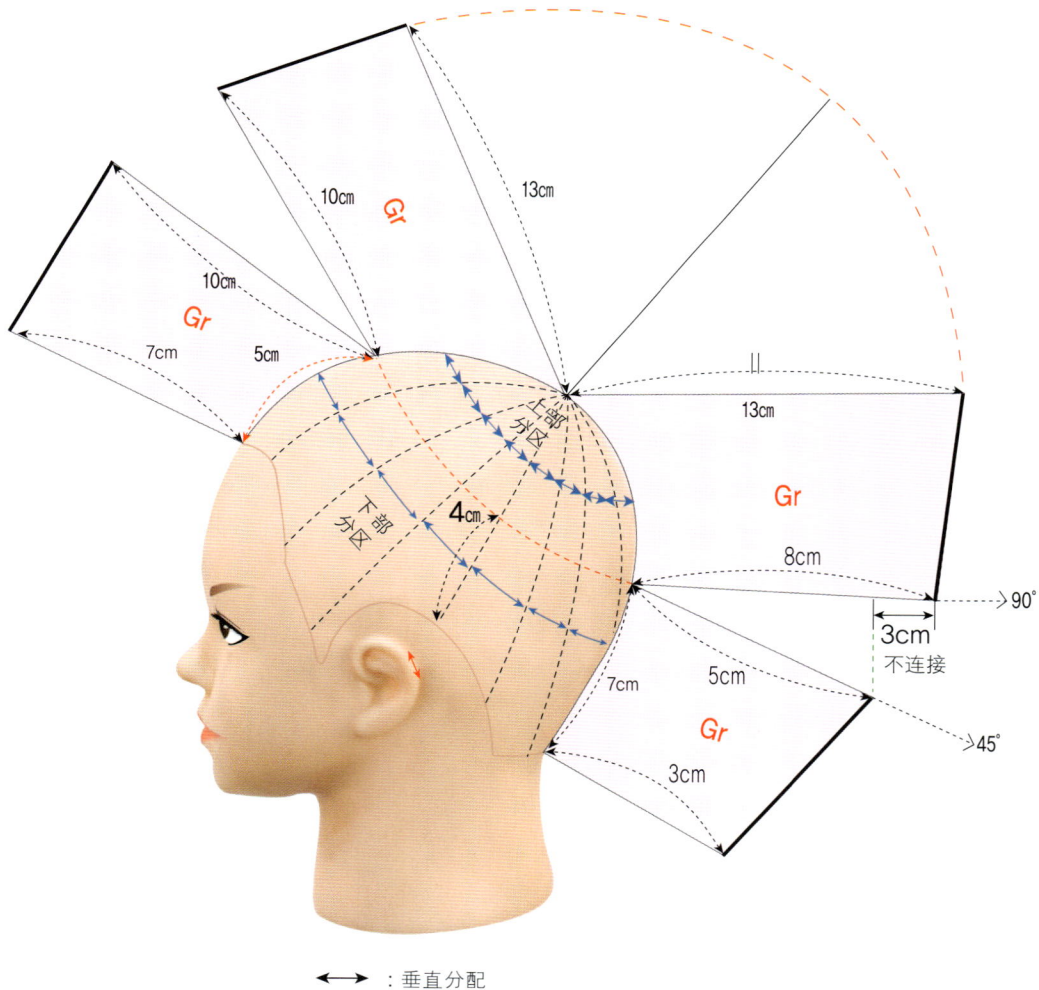

←→ : 垂直分配

1 剪发前，充分喷湿头发。**原因：** 便于分区。

2 设定 C.P 处发片长度为 5cm。

3 设定 N.P 处发片长度为 7cm。

4 进行圆形分区。**重点：** 设定 E.P 处发片长度为 6cm 的原因是避免耳后头发过短。

5 下部分区第一个发片为垂直分片。

6 发片角度为 45°。**原因：** 颈后头发过长，发型会显得过时。

7 第一个发片上部长度为 5cm，下部长度为 3cm。

8 第一个发片修剪完成，呈低层次状态。

9 E.P 处的发片非 90°，而应与分区角度相同，垂直分片。

10 另一侧以同样方式进行修剪（变换左手操作更容易）。

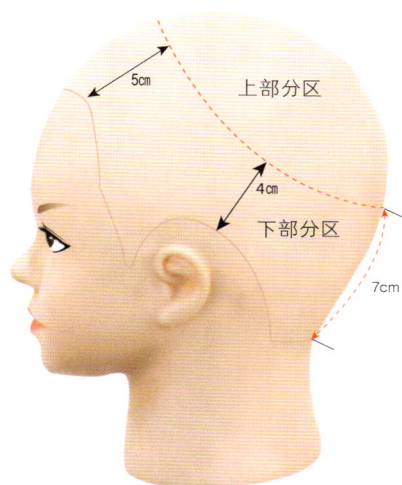

图 2~ 图 4

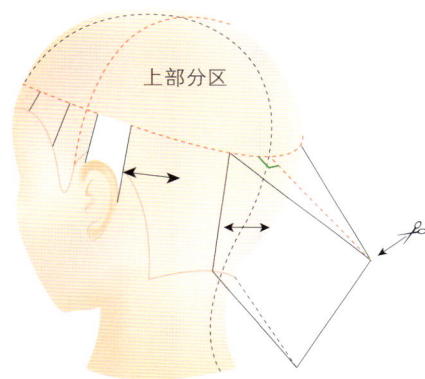

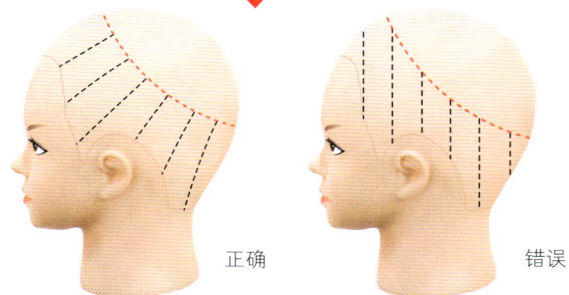

图 5~ 图 9

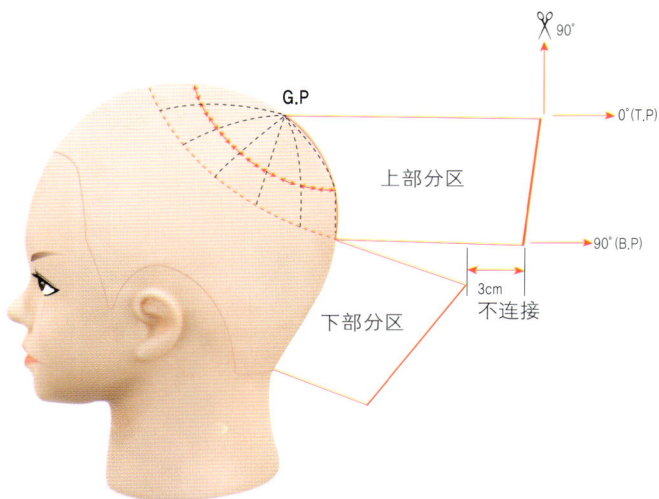

上部分区

下部分区

G.P

90°

0°(T.P)

90°(B.P)

3cm

不连接

11 垂直分片完成后，再水平分片。

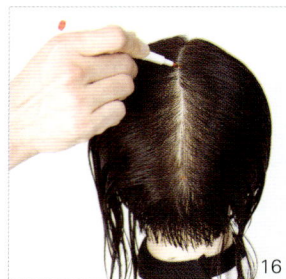

12 检查 F.S.P 处头发。

13 S.C.P 处发片角度为 45°。原因：为了保持前额分区的发长。

14 设定 C.P 处发片长度为7cm。

15 下部分区修剪完成。

16 修剪上部分区时，以 G.P 处为基准。

17 上部分区第一个发片宽度为2cm。

18 发片角度在 B.P 处为 90°，在 T.P 处为 0°。重点：从 T.P 处看剪刀呈 90°。

19 修剪角度为 90°。

15 比下部分区长 3cm。

21 头顶分区。

22 前额分区以 T.P 为基准呈 45°。

23 基础修剪完成。

24 吹干后，整理量感与质感。

25 为了减轻毛发的损伤，使用干发后专用剪刀。

26 利用向下剪发技巧对 T.P 处头发进行量感与质感处理。

完成

真正的发型师要为顾客打造最适合他们的发型。特别是针对 30~40 岁的女性，要为她们打造强调端庄、高雅的发型。这种情况下，剪出厚重感的轮廓与自然的卷发是最适合不过的了。

1. 分区 ⇒ 多分区

2. 轮廓 ⇒ 向前斜上

3. 分片 ⇒ 水平分片，垂直分片，头顶分片

4. 基准线与分配 ⇒ 斜分片垂直分配，垂直分配

5. 角度 ⇒ 头面角 0°，20°，45°，90°

6. 手指与梳子的位置 ⇒ 方形线

7. 剪发技巧 ⇒ 平剪

8. 头位 ⇒ 标准位置

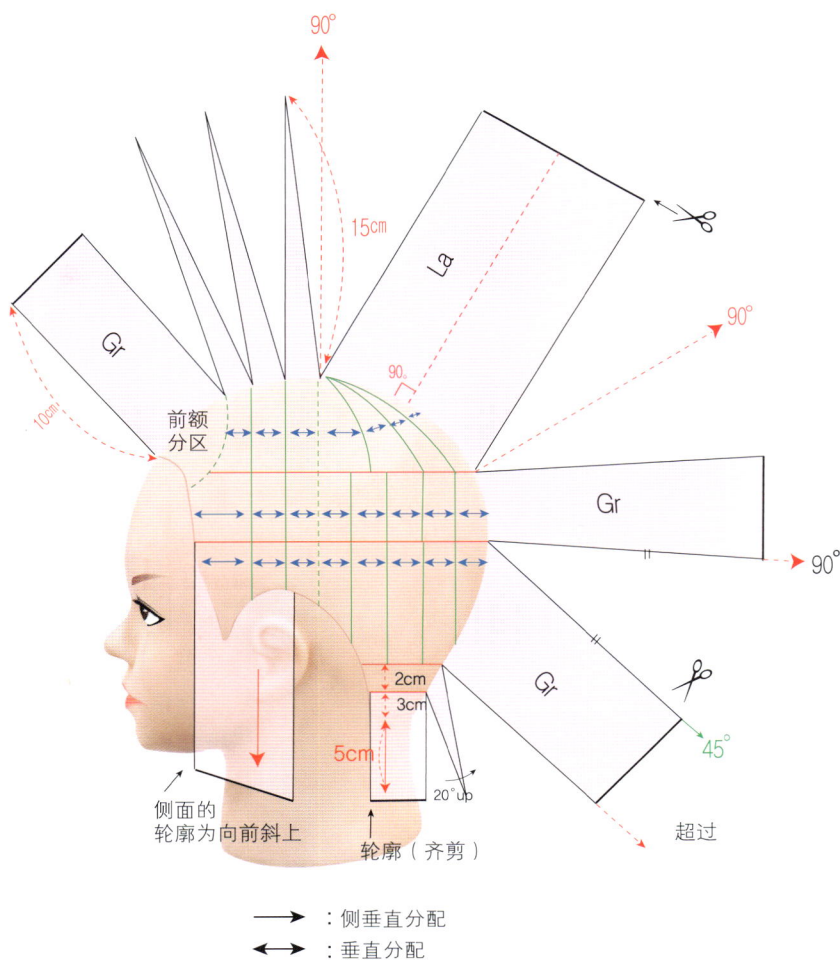

→ ：侧垂直分配

↔ ：垂直分配

1 进行耳到耳横向分区。

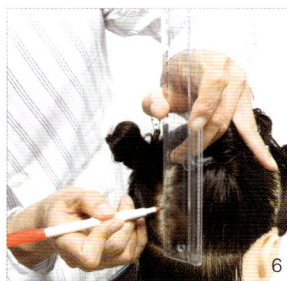

2 第一个分区的宽度是从颈部向上 3cm。

3 第一条设计线为 5cm。

4 第二个分区宽为 2cm。

5 发片 20° 提拉后修剪第二个分区。原因: 为了剪出向下的低层次。

6 第三个分区宽为 5cm。

7 修剪角度为 45° 。

8 向内修剪, 为了剪出向下的低层次。

9 为了保持耳后发长, 利用侧垂直分配法进行修剪。

10 第三个分区修剪完成。

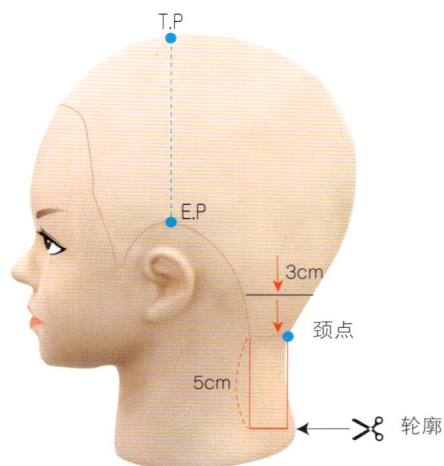

图 2~ 图 4

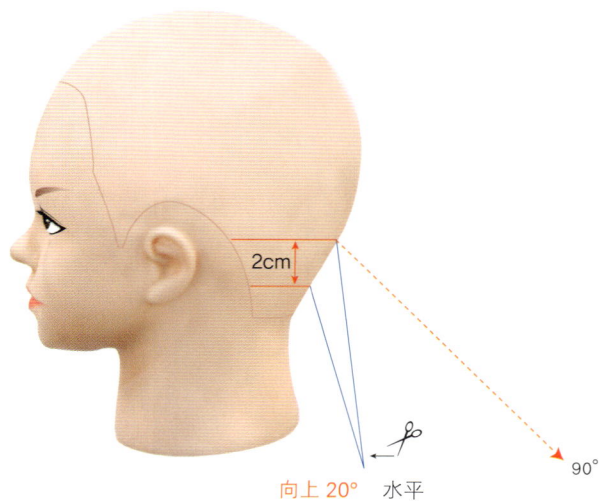

图 5、图 6

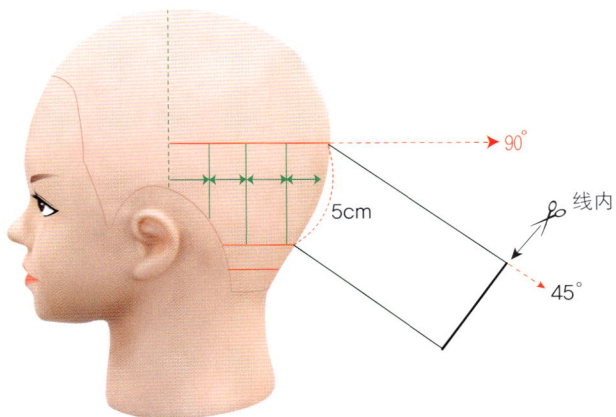

图 7~ 图 9、图 11

图 9

图 12~ 图 18

11 第四个分区宽度为 5cm。

16 头顶分区。

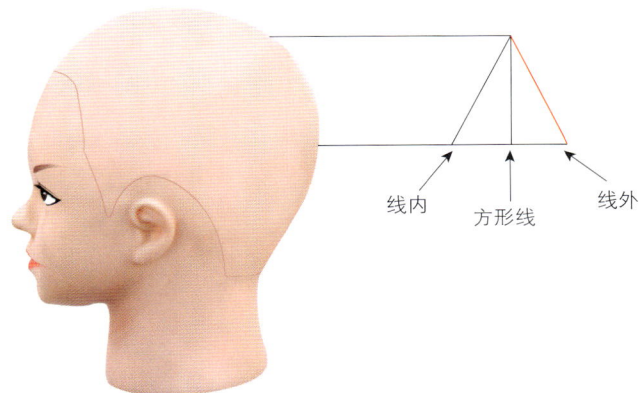

12 垂直分片后，设定发片宽度为 2cm。

17 检查第五个分区时，在 T.P 处呈 90°提拉发片。

13 方形线修剪。

18 修剪侧面时，从后第三个分区分片。重点：离 S.C.P6cm 处。

14 第四个分区修剪完成。

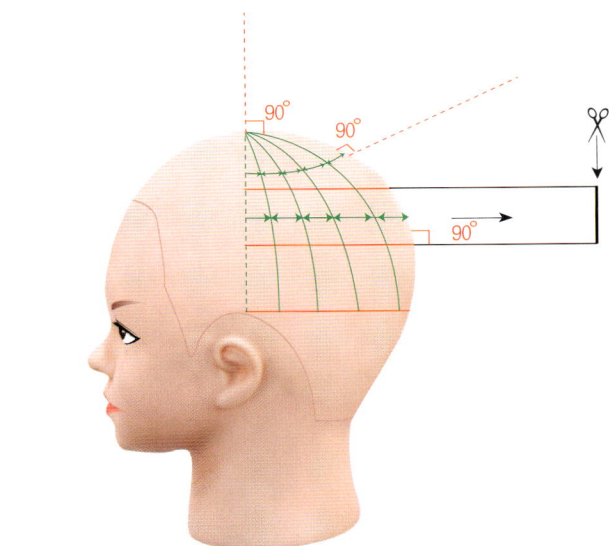

19 垂直修剪。侧面头发的轮廓为向前斜上造型。

15 第五个分区的发片为 90°。

20 侧面分区采用垂直分片法，修剪角度为 60°。

21 从 C.P 到 T.P 宽度为 2cm。

26 连接 C.P 到 S.C.P。

22 设定 T.P 处发片长度为 15cm，修剪角度为 90°。

27

23 保持发片提拉角度呈 90°。

28

24 梳理 T.P 到 E.P 处的头发。

29 修剪完成。

25 保持 C.P 处发片长度为 10cm。

30 吹干后，整理质感。

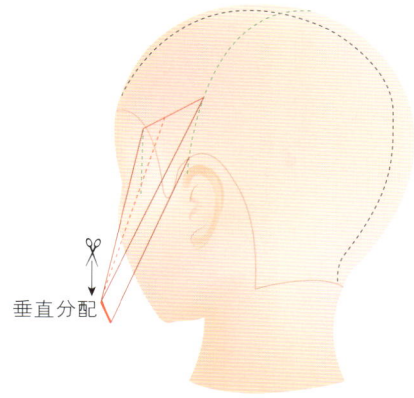

垂直分配

完成

做好剪发，则后面的步骤会轻松很多。剪发基础好也会带来令人满意的烫发效果。重点是打造出自然的层次与律动感。

1. 分区 ⇒ 二分区

2. 轮廓 ⇒ 等长

3. 分片 ⇒ 垂直分片，头顶分片

4. 基准线与分配 ⇒ 垂直分配，过偏移分配

5. 角度 ⇒ 天体角 0°；头面角 45°，90°

6. 手指与梳子的位置 ⇒ 方形线

7. 剪发技巧 ⇒ 平剪

8. 头位 ⇒ 标准位置

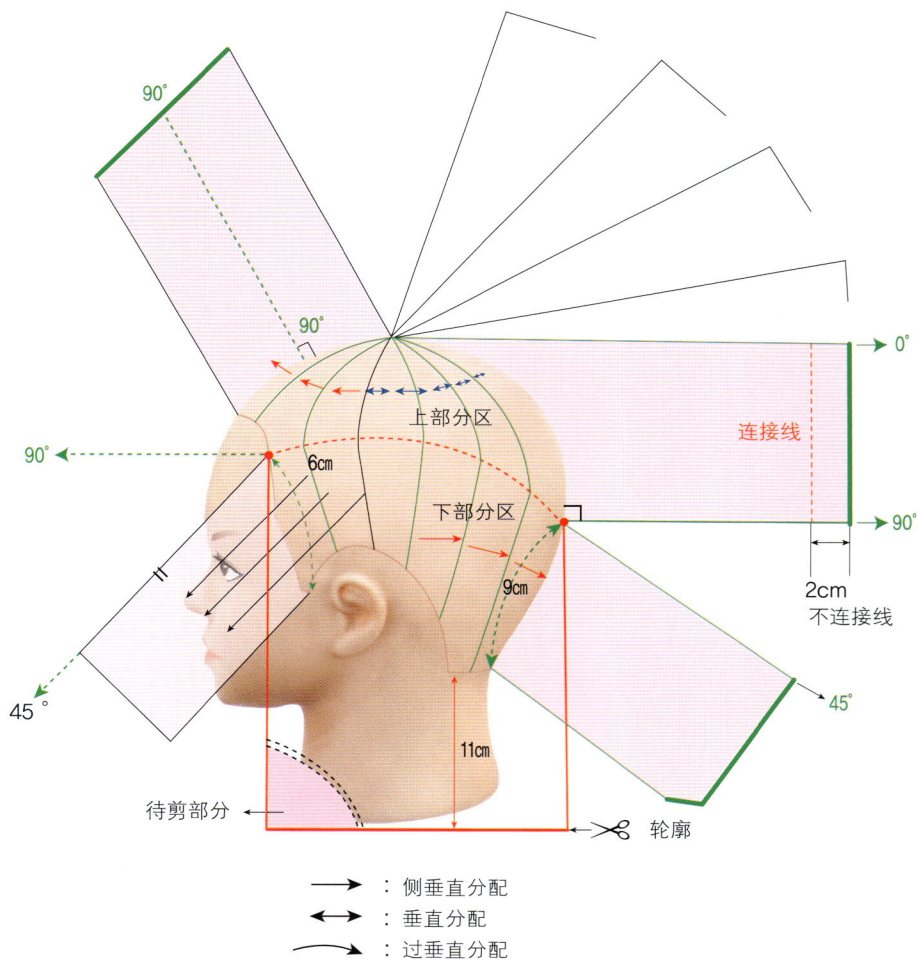

90°

90°

0°

连接线

上部分区

90°

6cm

下部分区

90°

9cm

2cm
不连接线

45°

45°

11cm

待剪部分 ←

✂ 轮廓

→ ：侧垂直分配

↔ ：垂直分配

↪ ：过垂直分配

修剪前

1 发际线上 C.P 与 S.C.P 的中心点（约 6cm）。

2 后部 T.P 与 N.P 的中心点（约 9cm）。

3 分区完成。

4 N.P 处发片宽度为 2cm，设计线长度为 11cm。

5 设定轮廓完成。

6 垂直分片。

7 修剪角度为 45°。

8 在基准线上垂直修剪，手位为线内修剪。

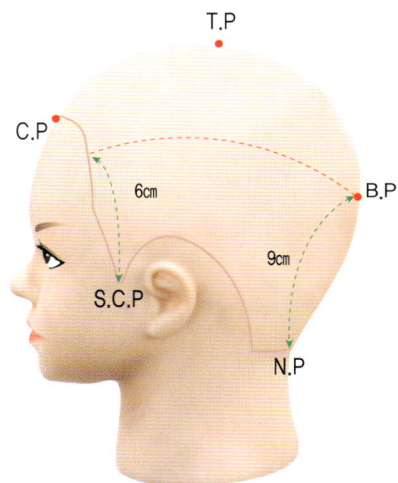

图 2、图 3

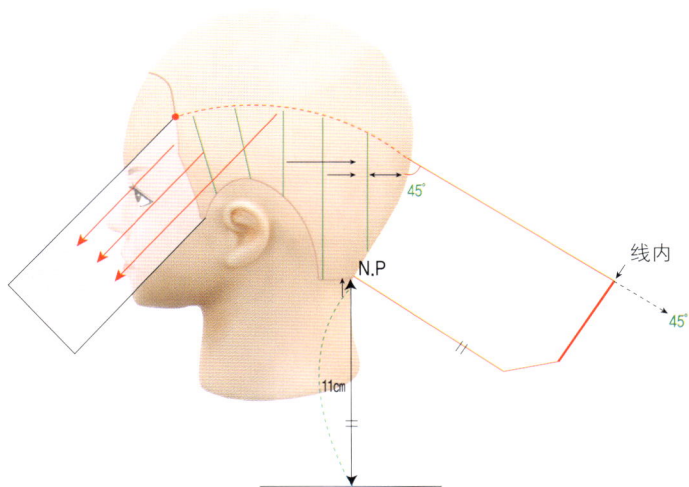

图 4、图 5

9 第一个发片修剪完成。

13 E.P 处发片在基准线上垂直修剪。

17 下部分区修剪完成。

21 修剪上部分区发际线处发片时，从 C.P 处提拉发片进行修剪。

10 第二个发片利用侧垂直分配法进行修剪。原因：保持侧面与耳后的发长。

14 侧面为斜分区。

18 修剪上部分区时，T.P 处发片成 0° 进行修剪。

22 上部分区修剪完成。重点：修剪出发际线处头发的自然层次。

11 耳后发片按照过偏移分配法进行修剪。

15 发片修剪角度为 45°。

19 与下部分区的段差为 2cm。

23 修剪完成。

12 后部分区修剪完成。

16 注意不要脱离发际线。原因：若抬起发片则会产生误差。

20 修剪上部分区时，放射形分片进行修剪。

24 烫发时，侧面头发平行分片。

25 烫发时，第一个发片向下卷杠（发梢向前）。

26 第二个发片角度为天体角0°。
原因：侧面头发进行卷杠时，如抬起发片，则会显得脸较宽大。

27 保持第三个发片的提拉角度为90°。

28 侧面卷杠完成的状态。

29 前额分区应注意分发线处发片向前卷杠。

30 斜线卷颈部头发，可打造律动感。

31

32

33

34

31~34 卷杠完成。

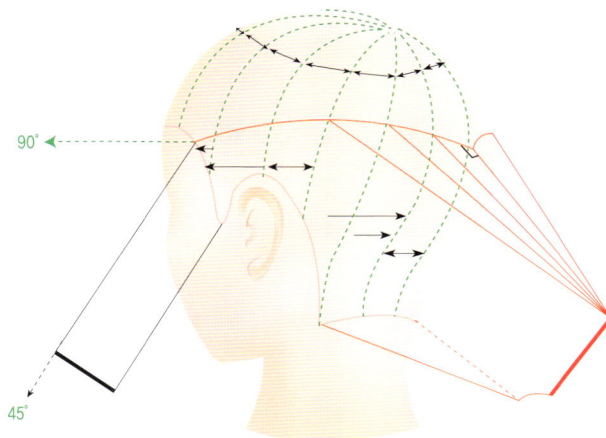

图9～图16、图20、图21

完成

剪发为基本，吹发为收尾。前后都成功，才可打造出好的发型。不管剪发剪得多么出色，吹发失败也会让发型的漂亮程度大大扣分。细致的吹发会让顾客赞叹连连。

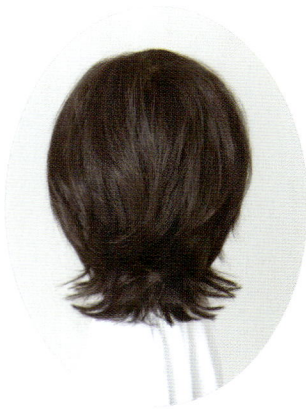

1. 分区 ⇒ 三分区

2. 轮廓 ⇒ 等长

3. 分片 ⇒ 垂直分片，斜分片，头顶分片

4. 基准线与分配 ⇒ 垂直分配，侧垂直分配，过偏移分配

5. 角度 ⇒ 天体角 0°，头面角 90°

6. 手指与梳子的位置 ⇒ 方形线

7. 剪发技巧 ⇒ 平剪

8. 头位 ⇒ 标准位置

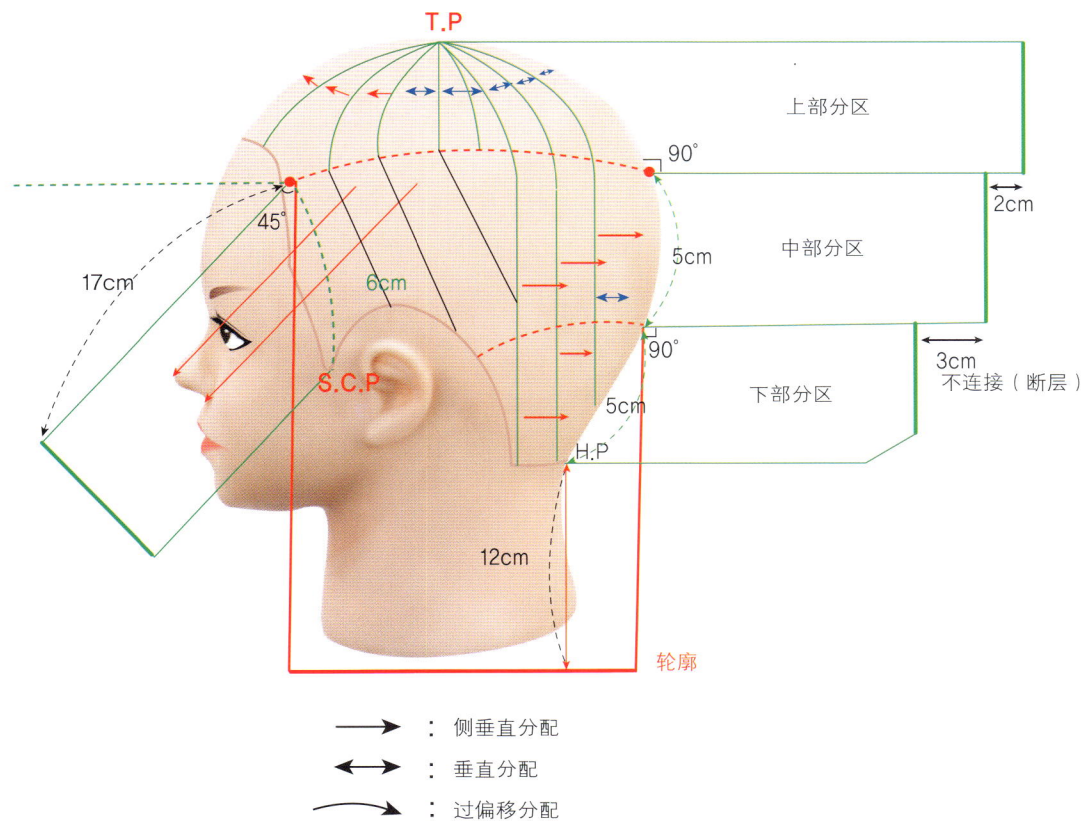

—————▶ ： 侧垂直分配

◀————▶ ： 垂直分配

⌒————▶ ： 过偏移分配

修剪前

剪发步骤

1 距 S.C.P 处约 6cm。

5 设定 N.P 设计线为 12cm。

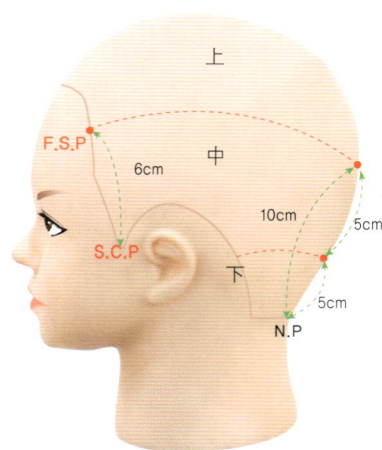

2 为了剪出正确的轮廓线，以 N.P 为基准点，距离为 8cm。

6 为三等分分区。

图 1~ 图 5

3 距 N.P 处 5cm。

7 下部分区的第一个发片，垂直分片后在基准线上进行修剪。

4 距 N.P 处 10cm。

8 修剪下部分区的第一个发片。

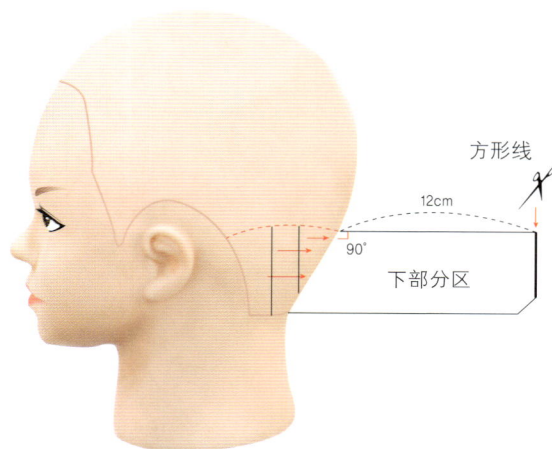

图 7~ 图 9

9 从第二个发片开始使用侧垂直分配到侧垂直分配法进行修剪。

14 修剪中部分区的第二个发片时不可脱离脸部。

19 修剪上部分区时，保持T.P 的第一个发片的角度为0°。

图 12~ 图 17

10 下部分区修剪完成。

15 中部分区比下部分区长3cm，修剪出不连接（断层）的效果。

20 上部分区比中部分区长2cm，修剪出不连接（断层）的效果。

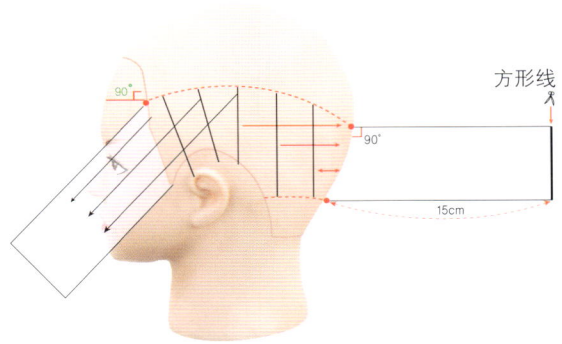

11 中部分区部分。

16 中部分区的后部头发以第一个发片为基准进行修剪。

21 修剪完成后的状态。

12 中部分区侧面修剪角度为45°。

17 修剪中部分区时，以 E.P 为中点，越向两侧头发越长。

图 19、图 20

13 设定侧面发长为17cm。

18 中部分区修剪完成。

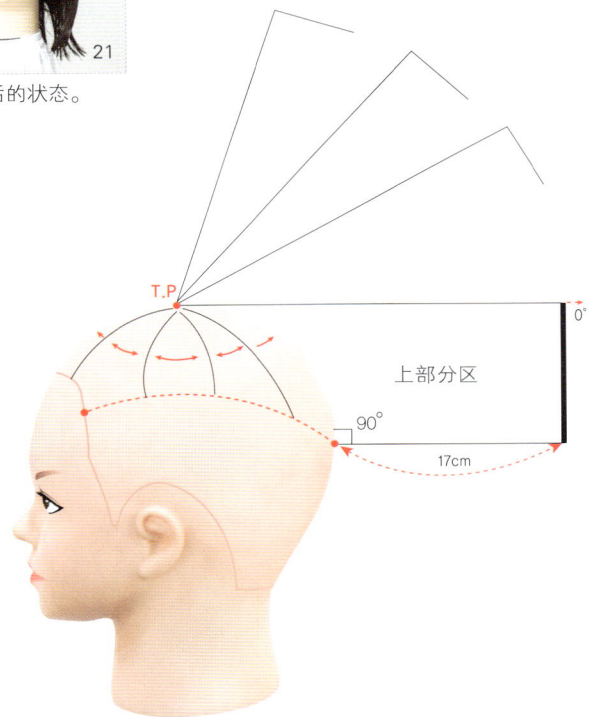

吹发步骤

1 侧面头发斜线分片。

2 斜向操作造型刷与吹风筒。

3 第一个发片吹干后的状态。

4 侧面吹干后的状态。

5 另一侧按照同样方法吹干头发。

6 发梢向前。

7~9 吹发完成后的状态。

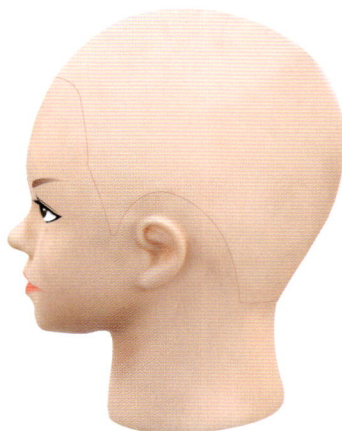

1. 分区
2. 轮廓线
3. 分片
4. 基准线与分配
5. 角度
6. 手指与梳子的位置
7. 剪发技法
8. 头位

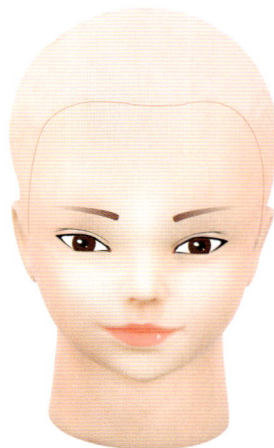

1. 分区
2. 轮廓线
3. 分片
4. 基准线与分配
5. 角度
6. 手指与梳子的位置
7. 剪发技法
8. 头位

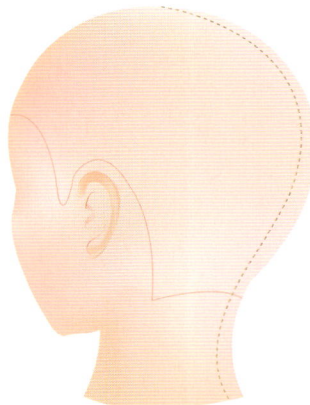

1. 分区
2. 轮廓线
3. 分片
4. 基准线与分配
5. 角度
6. 手指与梳子的位置
7. 剪发技法
8. 头位

附录

剪发专业术语解释

发片提拉修剪的种类

垂直分配（On the Base）　修剪的所有发片长度均相同（发束中心线与基准线重合），形成与头型轮廓相同的剪切线。

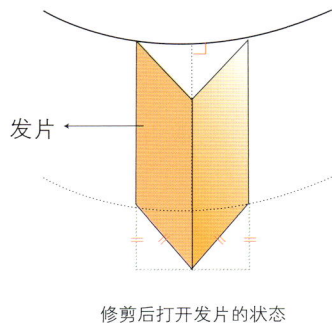

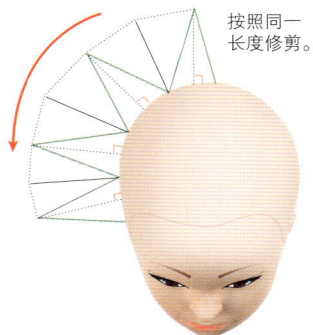

发片 ←

修剪后打开发片的状态

按照同一长度修剪。

侧垂直分配（Side Base）　发束的一面与头皮成直角（在分发线处），另一面则会变得越来越长。

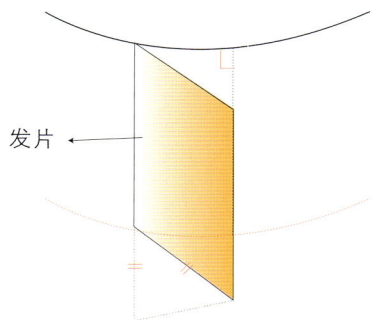

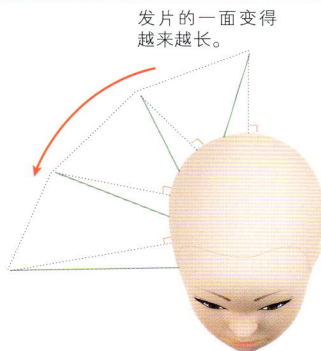

发片 ←

发片的一面变得越来越长。

自由垂直分配（Free Base）　适用于修剪基准线与侧垂直分配中间长度的发片。可以说是给人快感的修剪。

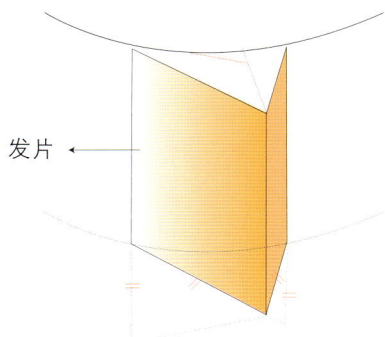

发片 ←

发片的一边在基准线与侧垂直分配（发片的分发线）之间，长度是它们的中间长度。

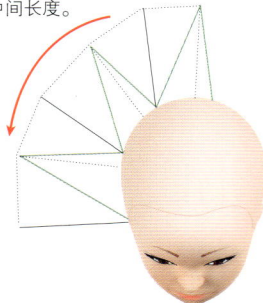

偏移分配（Off the Base）

发片被拉至分发线的外侧（发梢在下一发束中心线上），'发片的一边会急剧变长。

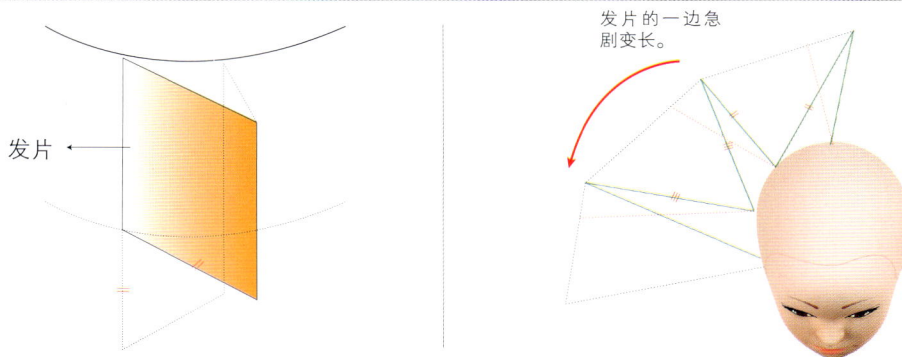

发片 ←

发片的一边急剧变长。

弯曲分配（Twist Base）

两个发片的长度不同时，把它们扭在一起连接修剪的方法。

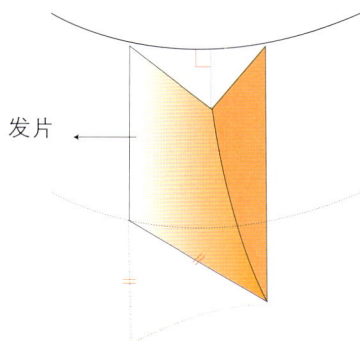

发片 ←

若上部在基准线上垂直修剪，则下部为侧垂直分配；一边为侧垂直分配，则另一边在下一发束基准线上修剪。

下水平分配（Down stem）

保持发束下侧与水平线平行，即发束下侧与头皮成 90°（发束下侧与基准线重合）进行修剪。

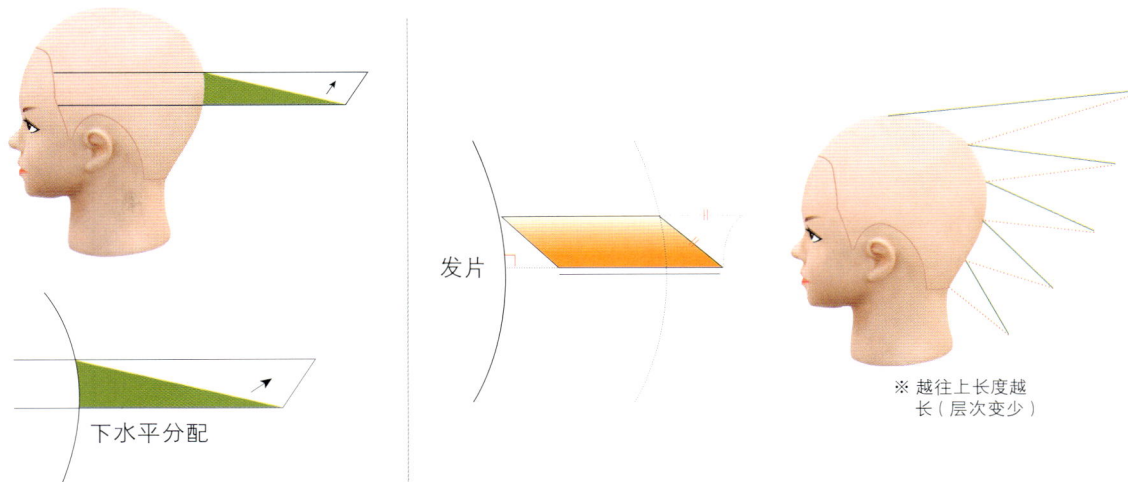

下水平分配

发片

※ 越往上长度越长（层次变少）

上水平分配（Up stem）

保持发片上侧与水平线平行，即发束上侧与头皮成90°（发束上侧与基准线重合）进行修剪。

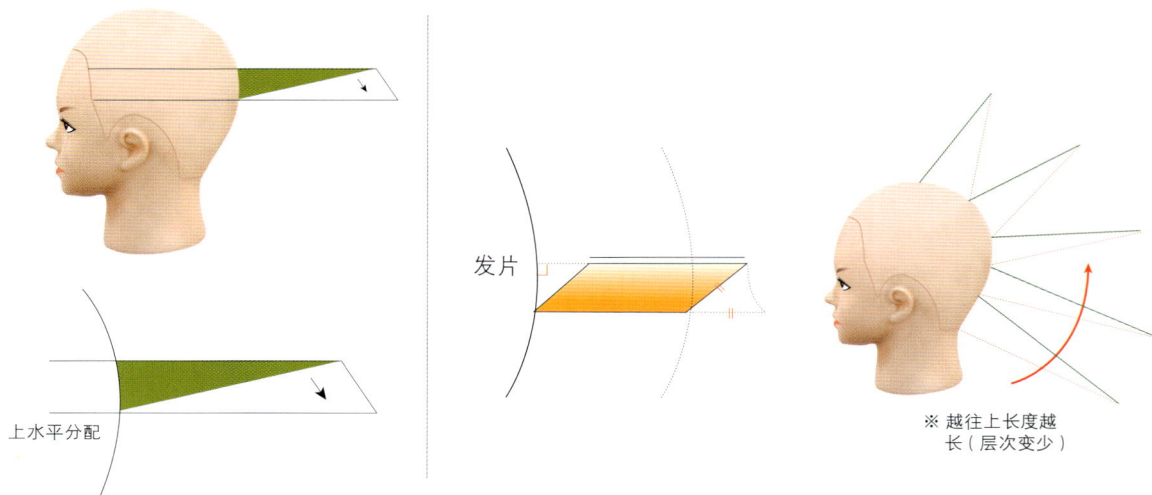

发片

上水平分配

※ 越往上长度越长（层次变少）

分片（Parting）

水平分片（Horizontal）

水平、平行分片（进行等长、低层次修剪时使用）。

斜分片（Diaronal）

在头上斜着分片（适用于低层次的短发、鲍勃发，包括前对角、后对角）。

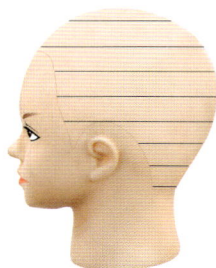

a. 向后的斜线：从前向后的斜分片（后对角）。
b. 向前的斜线：从后向前的斜分片（前对角）。

水平低层次分片

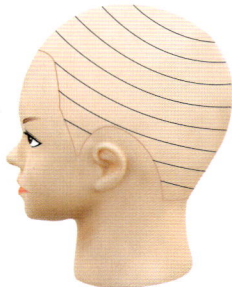

a. 向后的低层次

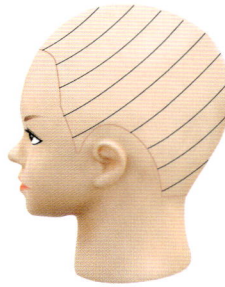

b. 向前的低层次

垂直分片（Vertical）

从头顶竖着分片（修剪高层次时使用）。

头顶分片（Piovt）

从头顶开始放射状分片，修剪时以 T.P 或 G.P 为中心，像西瓜纹一样分片（可修剪出同头型轮廓一样的剪切线）。

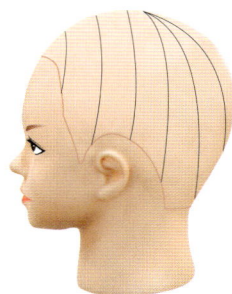

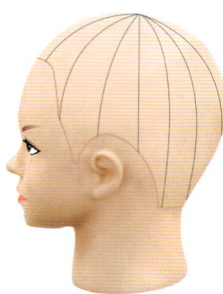

方向（Direction）　　梳理方向

向后对角线（Direction backward）：从前（脸部）向后的对角线（后对角）
向前对角线（Direction forward）：从后向前的对角线（前对角）
向左对角线（Direction leftward）：向左的对角线（左对角）
向右对角线（Direction rightward）：向右的对角线（右对角）

分配（Distribution）　　分配梳理的方向

整理（Arrange）　　稍微变化发型

非对称（Asymmetry）　　不对称，左右侧头发长度不同的发型

发束（Panel）　　为了修剪抓取（提拉）的一小部分头发

角度（Angle）

天轴（Celestial）

为了表达线、方向、修剪角度而使用的二维符号。

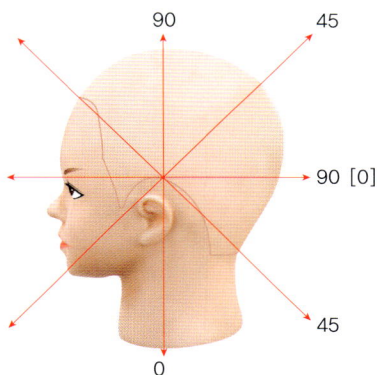

头面角（Head Angle）

在头部不同部位测量的角度。

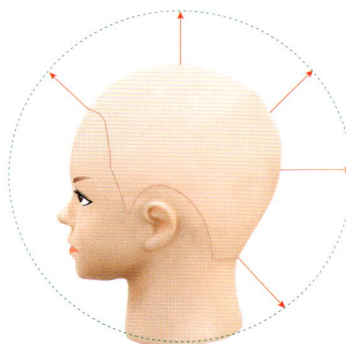

太阳穴分区（Temple Section）

以两侧太阳穴向头后连线进行分区，上半部为上部分区，下半部为下部分区。

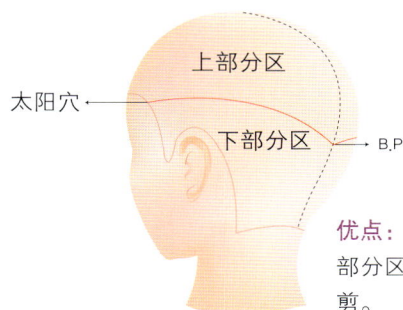

优点：便于把上下部分区分开进行修剪。

耳到耳（Ear to ear）分区

从 C.P 到 N.P 连线，从 T.P 到两侧 E.P 连线，垂直交叉后产生的分区。

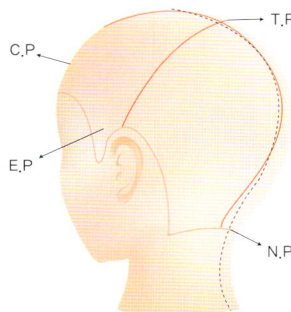

优点：最常用的分区，在头后部可进行高层次修剪，侧面可做低层次修剪，也可用于较细致的修剪。

剪发技法（Cut Technique）

塑型剪法（Effect Cut） 用于剪发后加强其效果，可加入空气感与蓬松感。* **注意：要在干发后进行修剪。**

剪刀的握法： 用无名指中间关节与食指第一与第二关节中间部分抓住剪刀后，把大拇指稍稍按在剪刀上面。这时，固定食指，仅用无名指活动修剪。

剪刀的握法 1：
修剪头上部时。

剪刀的握法 2：
修剪颈部时。

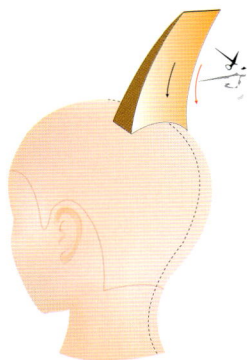

呈 C 字形转动剪刀（塑型剪法）。

剪刀的选择： 选择较轻，并且动刃与静刃同长的剪刀（**原因：**若剪刀过重，则不利于关节的活动）。

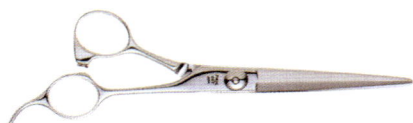

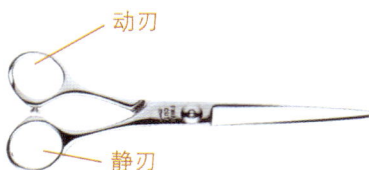

动刃

静刃

一般剪刀与塑型剪刀的对比照片。

平剪（Blunt Cut） 直线修剪的方法（打造发尾的量感）。

剪刀的握法： 用无名指中间关节与食指第一与第二关节中间部分抓住剪刀后，把大拇指稍稍按在上面。这时，固定食指，仅活动无名指进行修剪。

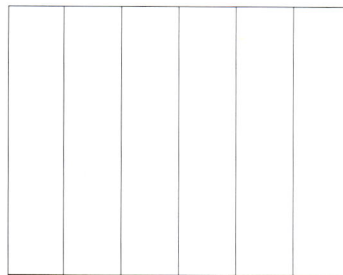

打薄削剪（Thinning Cut） 适用于整理整体发量或削掉多余的发量。

打薄剪刀也可用于塑型修剪（**注意：** 仅使用 10% 以下的剪刀）。

打薄剪刀的种类（齿数不同，效果不同）。

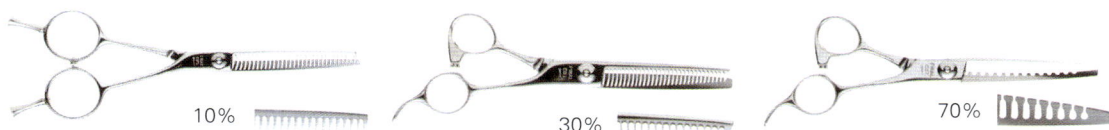

10%　　　30%　　　70%

打薄齿的位置不同而变化的剪发方向。

打薄齿向上（内侧头发不被剪掉，仅修剪外侧头发）适用于外翘造型。

打薄齿向下（外侧头发不被剪掉，仅修剪内侧头发）适用于内卷造型。

点剪（Point Cut）

保持剪刀为 45° 进行修剪，用于减少发量，分为深度点剪与浅度点剪，可柔化（模糊）修剪线条。

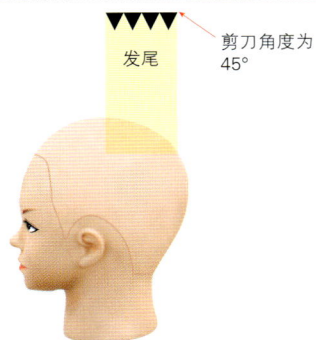

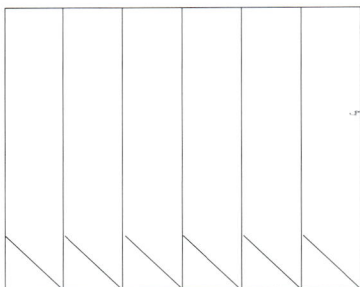

发尾

剪刀角度为 45°

挑剪（Slicing Cut）

与点剪法相比，为不规则地进行修剪，从头皮处向外修剪。

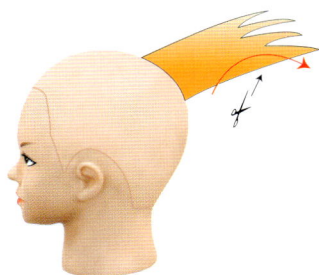

滑剪（Sliding Cut）

剪刀在发束上边滑行边进行修剪，可打造发流方向与脸部轮廓的层次。

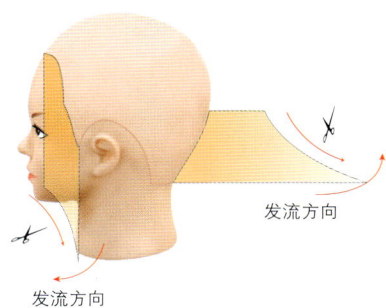

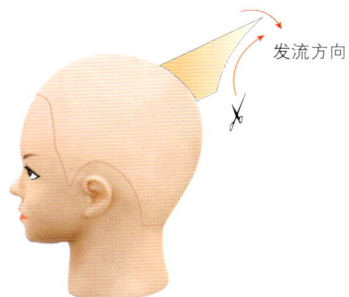

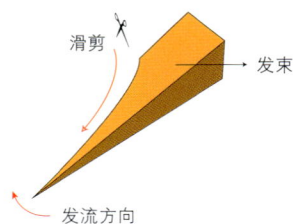

发流方向

发流方向

发流方向

滑剪

发束

发流方向

徒手自由剪（Free hands） 按照自己的感觉进行修剪，用于打造线条或削除多余发量。

刻痕剪（Stroke Cut） 用剪刀修剪发尾使其剪切线变得柔和的技法。

C形扭剪（C-curventure） 固定剪刀，手腕C字形转动修剪的技法，适用于不改变剪切线而减少或改变发流方向时。

深度点剪（Deep point） 注意剪刀角度，并仅在干发后进行。

它可剪除多余毛发与消除修剪的痕迹，有限度地使用可打造柔和的剪切线条。

断剪（Block Cut） 为了快速修剪，而抓起一大束头发进行修剪的方法。

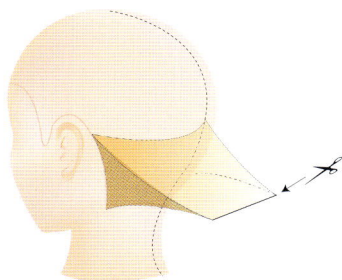

剃刀剪（Razer cut） 用剃刀修剪，但是顾客不喜欢此类剪法。若需使用此方法，可以用剪刀内刃代替剃刀进行修剪。

🖼 等长（齐发）

等长（齐发 One length）　在重力作用下，所有头发自然垂落时，进行等长（没有段差）修剪的方法。此时，需要设定修剪的轮廓线。

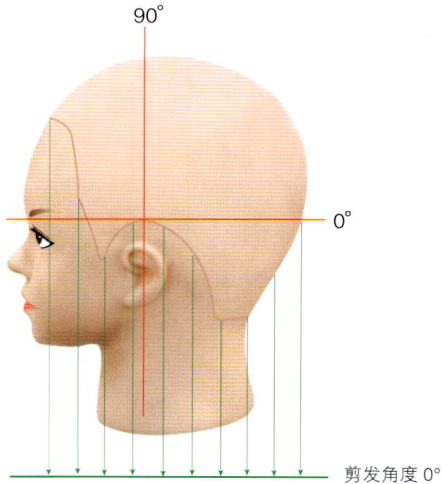

90°

0°

剪发角度 0°

以 E.P 为基点（天体轴），将毛发梳理到自然垂落状态，剪发角度为 0°（无误差）。

🖼 低层次（Graduation）

低层次（Graduation）　有重量感的修剪方法，整体来看，颈部头发较短，顶部头发较长。

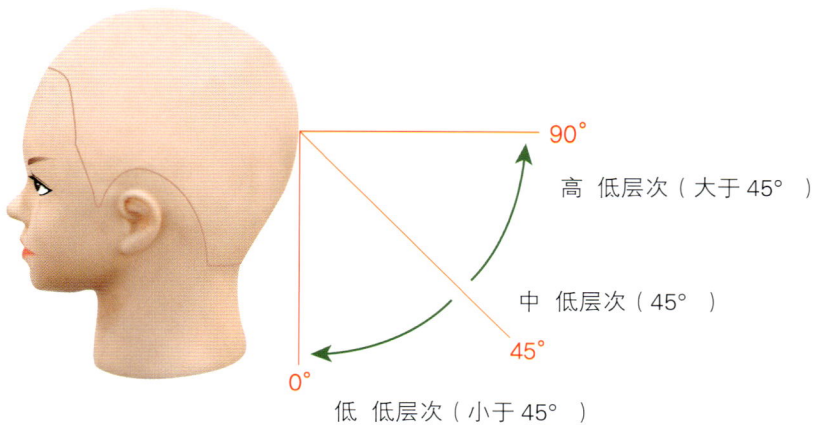

90°

高 低层次（大于 45°）

中 低层次（45°）

45°

0°

低 低层次（小于 45°）

高 低层次（60°~90°）：上部头发较短，下部头发较长（层次变多）。
中 低层次（30°~60°）：在小于 60° 角处修剪（以 45° 为基准）。
低 低层次（0°~30°）：在大于 0° 小于 30° 处修剪（段差小，厚重感修剪）。

高层次

| 高层次（Layer） | 有层次的发型。 |

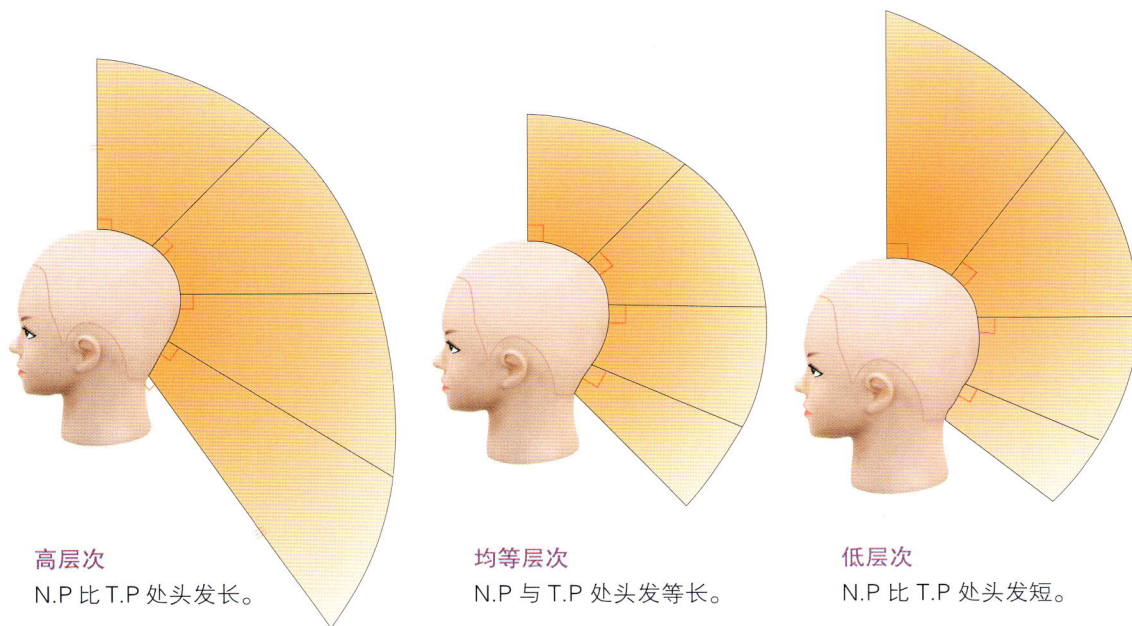

高层次
N.P 比 T.P 处头发长。

均等层次
N.P 与 T.P 处头发等长。

低层次
N.P 比 T.P 处头发短。

高层次（发片提拉角度大于 90°）：上部头发较短，下部头发较长（层次变多）。
均等层次（以头皮为基准呈 90° 修剪）：按照与头型轮廓相同的剪切线修剪。
低层次（发片提拉角度小于 90°）：以头皮为基准小于 90° 提拉发片进行修剪（层次少，厚重感强）。

顶部

| 顶部（冠 Crown） | 头部最高处，最顶部。 |

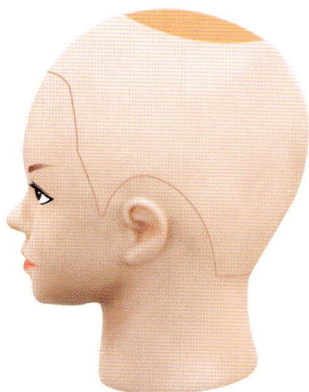

凹形曲线

凹形曲线（Concave） 与头顶形状相反，凹进的曲线（V字形）。

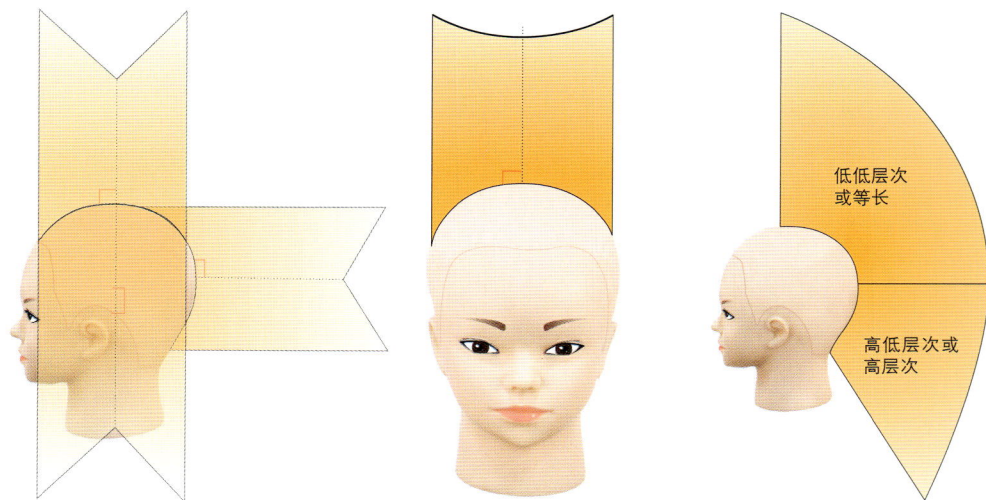

低低层次
或等长

高低层次或
高层次

B.P 为基点：B.P 以下到 N.P 的剪切线为高层次（层次多），B.P 到 T.P 的剪切线为等长（无层次），所以整体来看，这个发型不协调。

T.P 为基点从正面看：T.P 处头发短，所以它是层次较多的发型。

凸形曲线

凸形曲线（Conves） 与头顶形状相同的曲线（A字形）。

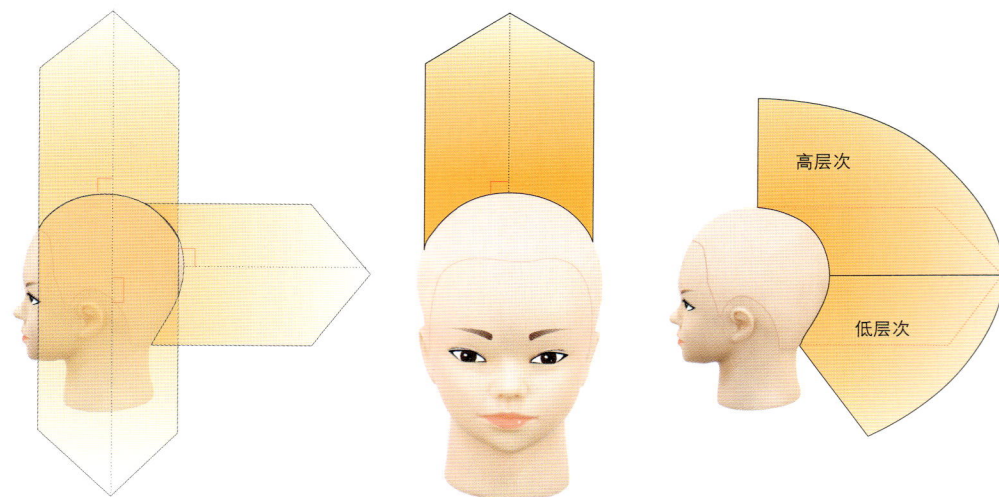

高层次

低层次

B.P 为基点：B.P 以下到 N.P 的剪切线为低层次（层次少），B.P 到 T.P 的剪切线为高层次（层次多），所以整体来看，这是个协调的发型。

T.P 为基准从正面看：T.P 处头发长，头顶处头发短，所以它是层次较少的发型。

分配

自然分配（Natural distribution）　在头发自然垂落的状态下进行修剪的方法。

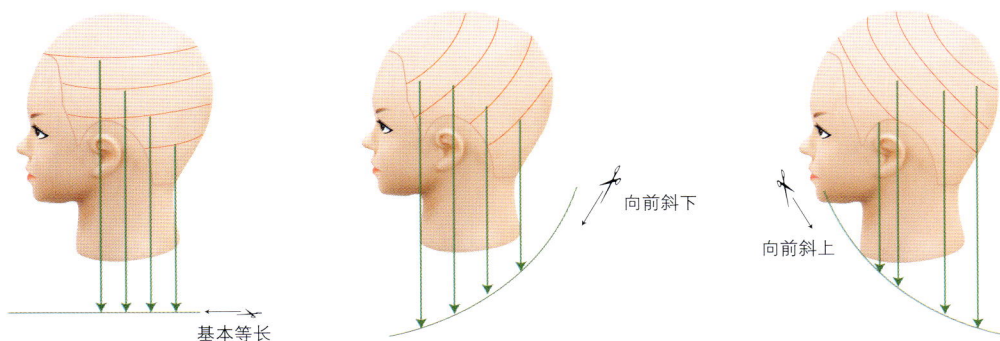

向前斜下

向前斜上

基本等长

垂直分配（Perpendicular dist.）　分片状态下，按照分片线条进行修剪的方法。

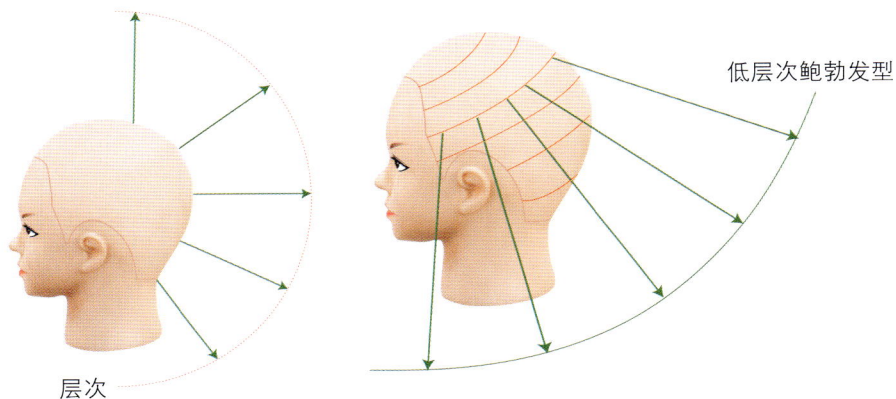

低层次鲍勃发型

层次

偏移分配（Shifted dist.）　不受分片影响，适用于修剪夸张的高层次或长度时。

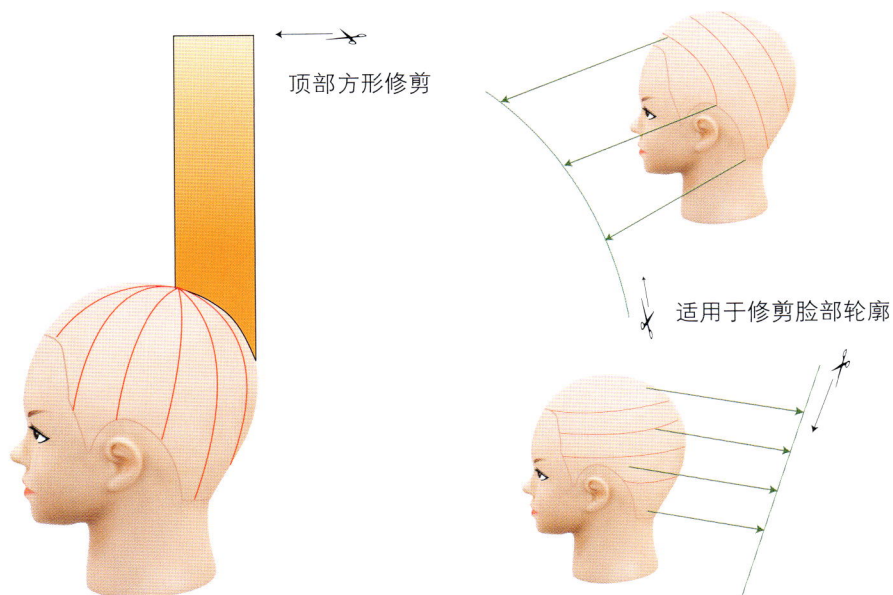

顶部方形修剪

适用于修剪脸部轮廓

内部设计线

内部设计线（Internal guide line） 第一条设计线，它的长短会影响整体发型。

过偏移分配

过偏移分配（Over direction） 适用于修剪侧面头发经常向耳后梳理的发型，把发片拉到后侧进行修剪。

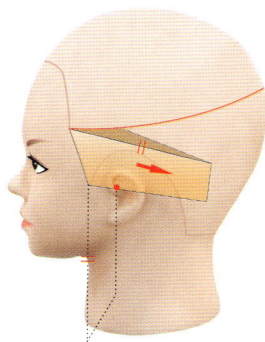

自然提拉修剪

自然提拉修剪（Natural inversion） 设定设计线后，把分区内所有头发拉到设计线处（中心）进行修剪的方法。

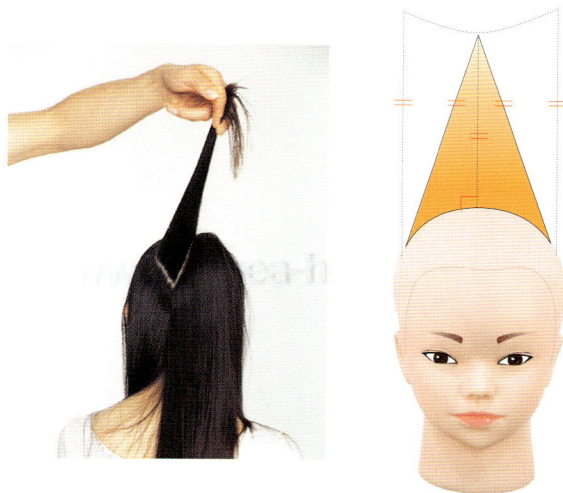

以 T.P 为基点把头发拉到中间进行修剪，散开后边缘处的头发最长。

分区

分区（Section） 为便于修剪而进行分区（与分块相似，但面积较小）。

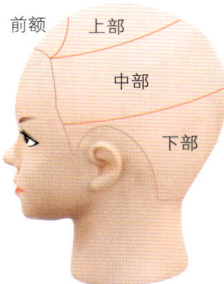

前额 上部
中部
下部

上部分区：指头上部，形成厚重感与蓬松感的区域。
下部分区：在发型中指决定轮廓的部分，设定长度时指颧骨下方的部分。
中部分区：分成三等分后的中间区域。
前额分区：刘海部分，与脸形密切相关。

连接

连接（Connection） 一般剪发都需要进行连接型修剪。

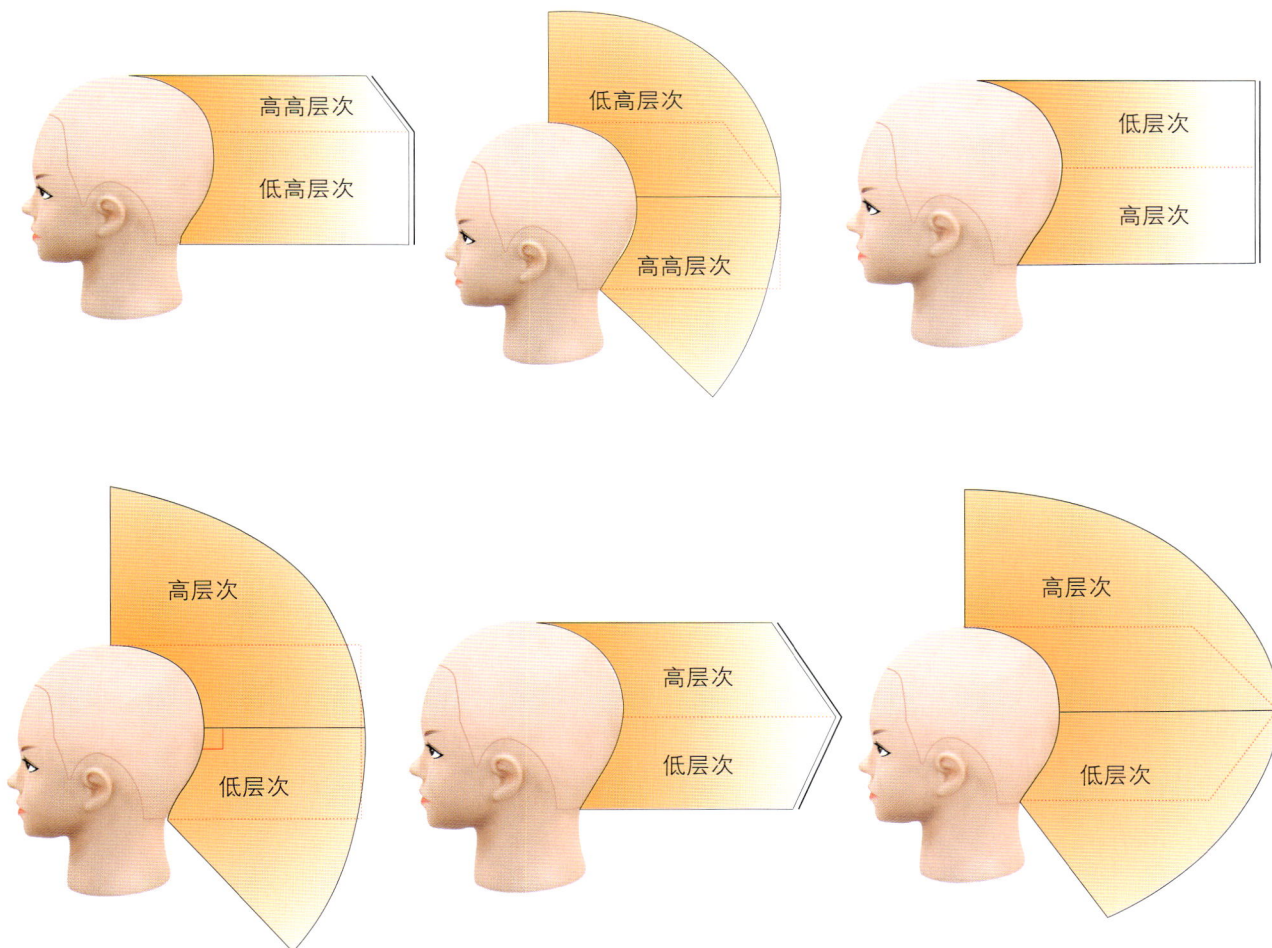

高高层次
低高层次

低高层次
高高层次

低层次
高层次

高层次
低层次

高层次
低层次

高层次
低层次

不连接

不连接（断层，Disconnection） 虽然它的用法有限，但在使用不连接修剪技术时会被用到。

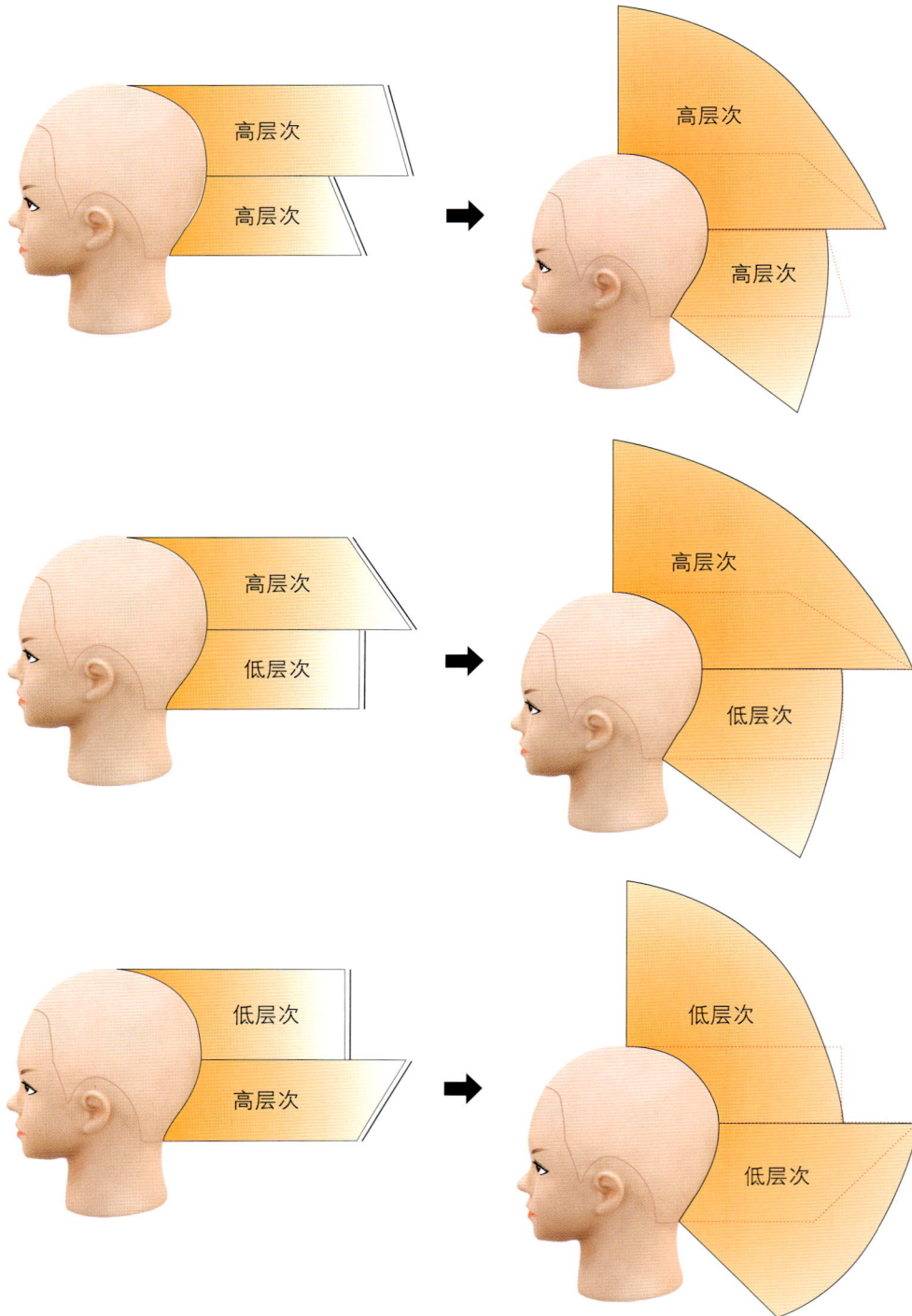

发夹（Clip）

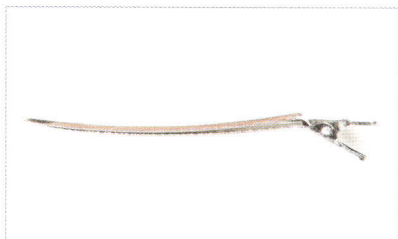 

吹风机（Drier）

梳子（Comb）

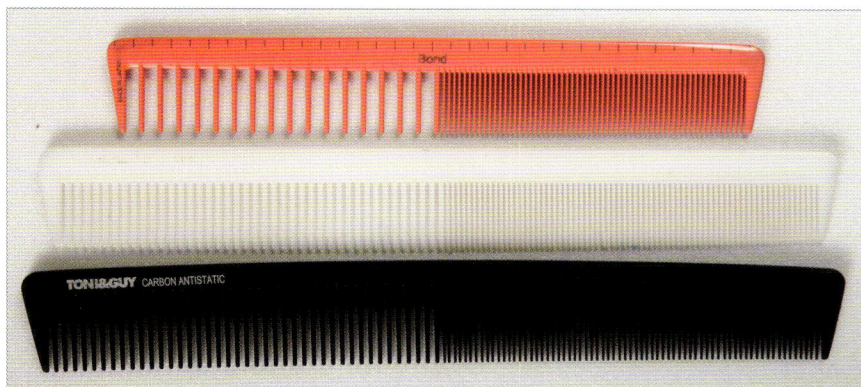

剪发梳（Cut comb）

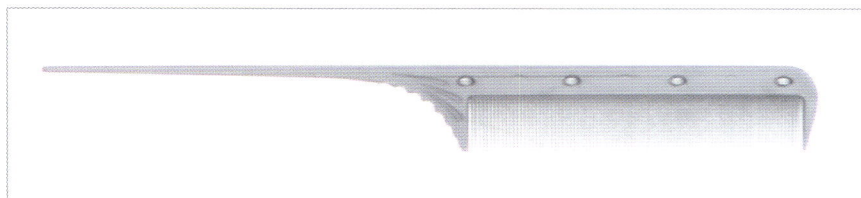

尖尾梳
（Tail comb）

造型刷
（Style brush）

©2014,简体中文版权归辽宁科学技术出版社所有。

本书由Ji-Gu Publishing Co.授权辽宁科学技术出版社在中国大陆独家出版简体中文版本。著作权合同登记号：06-2013第326号。

图书在版编目（CIP）数据

跟韩国老师学剪发：最感性的剪发教学指导／（韩）权伍赫著；姜慧蓉译．—沈阳：辽宁科学技术出版社，2014.6

　　ISBN 978-7-5381-8536-2

　　Ⅰ．①跟…　Ⅱ．①权…　②姜…　Ⅲ．①理发—基本知识—韩国　Ⅳ．①TS974.2

中国版本图书馆CIP数据核字（2014）第052697号

出版发行：辽宁科学技术出版社

　　　　　（地址：沈阳市和平区十一纬路29号　邮编：110003）

印 刷 者：辽宁彩色图文印刷有限公司

经 销 者：各地新华书店

幅面尺寸：210mm×285mm

印　　张：10

字　　数：80千字

印　　数：1～4000

出版时间：2014年6月第1版

印刷时间：2014年6月第1次印刷

责任编辑：李丽梅

封面设计：吴　航

责任校对：周　文

书　　号：ISBN 978-7-5381-8536-2

定　　价：68.00元

投稿热线：024-23284063　QQ：542209824（添加时，请注明"读者"等字样）　联系人：李丽梅
邮购热线：024-23284502　联系人：何桂芬
http：//www.lnkj.com.cn
微博：http://weibo.com/u/2609233077